물고기는 존재하지 않는다

Why Fish Don't Exist by Lulu Miller

물고기는 존재하지 않는다

상실, 사랑 그리고 숨어 있는 삶의 질서에 관한 이야기

Why Fish Don't Exist

Lulu Miller

곰출판

아빠, 이 책은

아빠를 위한 책이에요.

이 책에 대한 찬사

“책의 모양을 한 작은 경이.”

—《더 내셔널 북 리뷰》

“룰루 밀러는 보도와 명상, 큰 질문과 작은 순간들 사이를 우아하게 오간다. 과학과 인물 묘사, 회고록이 하나로 어우러진 책. 이 책을 읽는 건 커다란 기쁨이다.”

—수전 올리언Susan Orlean, 《도서관의 삶, 책들의 운명The Library Book》 저자

“사랑을 잃고 사랑을 찾는 일에 관한 책. 이 책은 신념이 어떻게 우리를 지탱해주며, 또한 그 신념이 어떻게 유해한 것으로 변질될 수 있는지를 알려준다. 가슴을 활짝 열어젖히고 들려주면서, 모든 페이지가 기백과 미묘한 뉘앙스, 전력을 다해 풀어내고자 하는 호기심으로 생동한다. 이 책에 경이에 대한 감각, 그리고 그 경이를 의심하는 태도가 모두 담겨 있다는 점이 아주 마음에 든다. 이는 의문을 하나씩 풀어나가다 보면 그 이면에서 더 깊고 더 특별한 매혹을 만날 수 있다는 믿음이기도 하다.”

—레슬리 제이미슨Leslie Jamison, 《공감 연습The Empathy Exams》 저자

“나는 이 책의 깊이와 위트, 어둠의 순간들과 심장이 터질 듯한 행복감을 사랑하고, 괴짜 같은 저자의 문학적 카리스마를 사랑한다. 책이 끝날 즈음 당신은 룰루 밀러가 인생의 비밀을 밝혀냈다는 사실을 깨닫게 될 것이다(이건 농담이 아니다).”

—존 무알렘Jon Mooallem, 《이건 찬스다This Is Chance!》 저자

“세계 전체의 거대한 구조 속에서 ‘물고기는(그리고 우리는) 어떤 존재인가’에 관해 우리의 관념을 뒤집어엎는 자유분방한 여정.”

—《슬레이트Slate》

"룰루 밀러는 첫 페이지부터 무언가를 쌓아나가기 시작한다. 그것은 사적인 철학이고, 한 남자의 이야기이며, 미국의 이야기다. 그것은 이 모든 것이지만, 또한 그보다 더 큰 것이고, 이 모든 일은 점진적으로 일어나서 마지막 몇 페이지에 이르러서는 충격적이게도 눈물을 흘리고 있는 나를 발견했다. 자신의 라디오 프로그램에서도 그랬듯 룰루 밀러는 아무 일도 아니라는 듯 유유히 흘러가다가 어느 순간 우리의 정신을 아득하게 만든다. 이 아름다운 책은 살아 있다는 것이 얼마나 숭고한 신비인지를 다시금 깨닫게 해준다."

—조너선 골드스타인Jonathan Goldstein, 팟캐스트 〈헤비웨이트Heavyweight〉 진행자

"그 무엇에도 비할 수 없는, 순전한 환희."

—《리파이너리29Refinery29》

"당신이 반드시 읽어야 할, 놀랍도록 영감을 주는 책. 진지하게 조언하는데 꼭 읽어보시길."

—자드 아붐라드Jad Abumrad, 〈라디오랩Radiolab〉 창립자

"장마다 수록된 독창적이고 정교한 삽화는 이 세상 것 같지 않은, 어찌 보면 악몽과도 같은 분위기로 우리를 매혹하며, 마치 19세기의 과학 텍스트나 성경을 손에 들고 있는 것 같은 고색창연한 느낌을 이 책에 불어넣어준다. 흥미진진하게 감춰진 진실을 밝혀내는 책."

—《워싱턴 인디펜던트 리뷰 오브 북스》

"훌륭한 책들이 원래 그러하듯, 사랑스럽고 신비로우면서 항상 또 다른 뭔가로 시선을 돌리는 책."

—잡지 《오리온Orion》

“몰입과 함께 깊은 생각을 자극시킨다. 룰루 밀러 특유의 스타일과 지성으로 만들어낸 책.”

—《시카고 리뷰 오브 북스》

“지난해 내가 사람들에게 그 어떤 책보다 많이 추천한 책이다.”

—아리 샤피로Ari Shapiro, 미국공영라디오NPR 대표 프로그램 〈올 싱즈 컨시더드All Things Considered〉 진행자

“나는 룰루의 책을 정말정말 사랑한다. 이유를 딱 하나만 말한다면, 그냥 엄청나게 이상한 책이라는 것.”

—존 모John Moe, 《유쾌한 우울증의 세계The Hilarious World of Depression》 저자

“교묘하다. 독특하고 경이로운 책!”

—《커커스 리뷰》

“이 얇은 책은 추리소설의 흥미진진함을 지니고 있으면서도, 혼돈에서 질서를 만들어내고자 하는 인간의 성찰에 관한 철학적 해설이다.”

—《라이브러리 저널》

“심오하고… 생각을 강력히 사로잡는다. 분명 마지막 책장을 덮고 나서도 독자의 마음에 오래도록 남을 것이다.”

—《북리스트Booklist》 (특별 추천 리뷰)

“자연을 보는 눈을 번쩍 뜨게 해주는 이 책을 읽는다면, 말 그대로 새로운 방식으로 세계를 보게 될 것이다.”

—《북라이엇Book Riot》 (2020년 최고의 책)

“전기傳記와 과학, 철학, 자기 성찰의 감동적인 융합. 자극적인 제목처럼 놀라움으로 가득하다.”

—조너선 밸컴Jonathan Balcombe, 《물고기는 알고 있다What a Fish Knows》 저자

"대단하다. 룰루 밀러가 이끌어낸 교훈은 우리에게 용기를 준다. 혼돈은 우리 모두가 맞닥뜨릴 수밖에 없는 것이지만, 결코 꺾을 수 없는 인간의 완고함으로 무찌를 수 있다고 알려준다."

—《로스앤젤레스 타임스》

"놀랍도록 흥미로운 과학 이야기를 렌즈 삼아, 사실은 인간이 만든 것일 뿐인데도 자연의 원리로, 자명한 이치로 받아들여졌던 광범위한 이원론에 의문을 제기한다. 이러한 틀을 바탕으로 저자는 명상과 회고록을 오가며 내밀한 개인적 이야기를 풀어낸다. 저자의 아버지, 그리고 그가 저자에게 가르친 세상을 살아가는 모든 방법에 바치는 비가悲歌이자, 자신의 마음을 따라 세상을 항해하며 택한 위험한 우회에 대한 결산, 그리고 그 항해에서 예기치 못하게 도달한 항구에 바치는 사랑의 편지."

—마리아 포포바Maria Popova, 〈브레인 피킹스Brain Pickings〉 (2020년 가장 좋았던 책)

"한 번도 상상해보지 못한 기이한 심연으로 우리를 데려가는 밀러의 책에 매료되고 말았다."

—《뉴욕타임스》

"정말 매력적인 책. 밀러가 어찌나 매혹적으로 이야기를 풀어냈는지 앉은자리에서 한달음에 다 읽어버렸다."

—《월스트리트저널》

"인습을 벗어난 책. … 처음에는 불굴의 과학자에게 표하는 경의처럼 보였던 것이 깔끔하게 정리되는 서사의 한계와 완강한 신념의 위험을 말하는 철학적 이야기가 된다."

—《언다크Undark》

"눈을 뗄 수 없고 유쾌하게 떠들썩한… 그야말로 마법 같은 이야기."

—《가든앤건Garden & Gun》

차례

프롤로그

Why Fish Don't Exist

당신이 가장 사랑하는 사람의 모습을 떠올려보라. 그 사람이 소파에 앉아 시리얼을 먹다가 불현듯 어떤 생각에 완전히 사로잡혀서 그것에 대해 흥분해서 이야기하는 모습을. 이를테면 사람들이 이메일 마지막에 겨우 키보드 네 번 더 누르는 수고를 안 하려고 머리글자 하나만으로 서명하는 것이 얼마나 자기를 짜증나게 하는지 모른다며 분통을 터뜨리는 모습.

혼돈이 그 사람을 집어삼킬 것이다.

혼돈은 부러져 떨어진 나뭇가지나 질주하는 자동차, 총알 하나를 거느리고 밖에서 치고 들어가 그를 으스러뜨릴 수도 있고, 아니면 반란을 일으키는 그 사람의 몸속 세포들과 함께 안에서 박차고 나와 그를 해체해버릴 수도 있다. 혼돈은 당신의 화초를 썩어 물러지게 하고, 당신의 개를 죽이고, 당신의 자전거를 녹슬게 할 것이다. 당신의 가장 소중한 기억을 부식시키고, 가장 좋아하는 도시를 무너뜨리고, 당신이 간신히 쌓아올린 모든 성스러운 장소를 폐허로 만들 것이다.

혼돈은 '그런 일이 일어난다면'이라는 가정의 문제가 아니라, '언제 일어나는가' 하는 시기의 문제다. 이 세계에서 확실한 단 하나이며, 우리 모두를 지배하는 주인이다. 과학자인 나의 아버지는 일찍이 내게 '열역학 제2법칙'은 절대 벗어날 수 없다고 가르쳤다. 엔트로피는 증가하기만 할 뿐, 우리가 무슨 짓을 해도 절대 줄어드는 일은 없다고 말이다.

똑똑한 인간은 이 진리를 받아들인다.

똑똑한 인간은 이 진리에 맞서 싸우려 하지 않는다.

그러나 1906년 어느 봄날, 팔자수염을 기른 어느 키 큰 미국인이 감히 우리의 주인에게 도전장을 내밀었다.

그의 이름은 데이비드 스타 조던David Starr Jordan. 여러 방면에서 혼돈과 싸우는 것은 그의 본업이기도 했다. 그는 거대한 "생명의 나무"°의 형태를 밝혀냄으로써 지구의 혼돈에 질서를 부여하는 일을 하는 과학자, 더 정확히 말하면 분류학자였다. 그리고 생명의 나무가 완성되면 모든 동식물이 서로 어떻게 연결되는지 밝혀질 거라고 했다. 그의 전문 분야는 어류로, 그는 새로운 종을 찾아 전 지구를 항해하며 시간을 보냈다. 아울러 그 새로운 종들이 자연에 숨겨진 청사진에 관해 더 많은 걸 알려주는 실마리가 되어주기를 바랐다.

조던은 수년, 수십 년에 걸쳐 지치지 않고 일했고, 그 결과 당대 인류에게 알려진 어류 중 *5분의 1*이 모두 그와 그의 동료들이 발견한 것이었다.[1] 그는 새로운 종들을 수천 종 낚아 올렸고, 각각의 종마다 이름을 지어주었으며, 그 이름을 반짝이는 주석 꼬리표에 펀치로 새기고, 에탄올이 담긴 유리단지에 표본과 함께 이름표

° 지금까지 지구에서 살았던 모든 생물 종의 진화 계통을 나타낸 계통 수.

를 넣었다. 그렇게 자신이 발견한 어류 표본들을 높이 더 높이 쌓아갔다. 1906년 어느 봄날 아침, 난데없이 닥친 지진으로 그가 수집한 반짝이는 표본들이 바닥에 내동댕이쳐지기 전까지는.

수백 개의 유리단지가 바닥에 떨어져 박살이 났고, 그의 어류 표본들이 깨진 유리와 넘어진 선반들에 의해 절단되었다. 그러나 뭐니 뭐니 해도 최악의 피해를 입은 건 *이름*들이었다. 조심스럽게 유리단지에 넣어둔 주석 이름표들이 온 바닥에 아무렇게나 나뒹굴고 있었다. 창세기가 거꾸로 펼쳐진 끔찍한 지진 속에서, 그가 꼼꼼하게 이름 붙인 물고기 수천 마리가 다시 수북이 쌓인 미지의 존재들로 되돌아갔다.

그런데 이 콧수염을 기른 과학자는 평생의 노고가 자기 발치에서 내장을 쏟아내는 파괴의 잔해 한가운데서 이상한 짓을 했다. 그는 포기하거나 절망하지 않았다. 그 지진이 전하는 명백한 메시지, 즉 혼돈이 지배하는 이 세계에서 질서를 세우려는 모든 시도는 결국 실패할 운명이라는 메시지에 그는 귀 기울이지 않았다. 대신 소매를 걷어붙이고 허둥지둥 뭔가를 찾기 시작했다. 그리고 이 세상의 하고많은 무기 중에서 바늘 하나를 찾아 들었다.

그는 엄지와 검지로 바늘을 잡고는 바늘귀에 실 한 올을 꿰더니 그 파괴의 잔해에서 그나마 정체를 알아볼 수 있는 물고기 하나를 겨냥했다. 그러고는 한 번의 유연한 동작으로 바늘을 물고기의 목살에 찔러 넣어 이름표를 꿰매 붙였다. 폐허에서 구해낼 수 있는 모든 물고기에 이 작은 동작을 반복했다.

이제는 절대 이름표를 유리단지 안에 어정쩡하게 넣어두는 일은 없을 것이다. 대신 각자의 이름을 바로 그 물고기의 피부에 꿰매 붙였다. 목에, 꼬리에, 눈알에 꿰매 붙인 이름들. 이 작은 혁신은 도전적인 소망을 담고 있었다. 이제 그의 작업은 혼돈의 맹공 앞에서도 안전하게 보호받을 것이라는, 다음번 혼돈의 공격 때는 그의 질서가 흔들림 없이 우뚝 서 있을 거라는 도전적인 소망.

* * *

데이비드 스타 조던이 혼돈에 반격한 이 이야기를 처음 들었을 당시 나는 20대 초반으로, 이제 막 과학 기자로 발돋움하던 참이었다. 이 얘길 듣자마자 나는 그가 바보라고 생각했다. 바늘은 분명 지진에 맞서서는 효과가 있겠지만, 화재나 홍수, 녹, 그 밖에 그가 고려하지 못한 수천 가지 파괴 방식에 대해서는 어쩐단 말인가? 그가 바늘로 이뤄낸 혁신은 너무 허술하고 너무 근시안적이며, 자신을 지배하는 힘에 대한 어마어마한 무지를 보여주었다. 그는 내게 오만에 대한 교훈으로, 어류 수집계의 이카로스처럼 보였다.

그러나 나이가 들어가면서 내게 찾아온 혼돈에 뒤흔들리고, 내 손으로 직접 내 인생을 난파시킨 뒤 그 잔해를 다시 이어 붙여보려 시도하고 있을 때, 문득 나는 이 분류학자가 궁금해졌다. 어쩌면 그는 무언가를, 끈질김에 관한 것이든, 목적에 관한 것이든, 계속 나아가는 방법에 관한 것이든 내가 알아야 할 뭔가를 찾아낸 것인지도 몰랐다. 그리고 나 자신에 대해 가당치 않게 커다란 믿음을 가져보는 것도 괜찮을 것 같았다. 자기가 하는 일이 효과가 있을 거라는 확신이 전혀 없을 때에도 자신을 던지며 계속 나아가는 것은, (이렇게 생각하는 게 죄악 같은 느낌이 들긴 하지만) 바보의 표지가 아니라 승리자의 표지가 아닐까 생각했다.

그리하여 유난히 막막한 기분이 들던 어느 겨울 오후, 나는 구글 검색창에 '데이비드 스타 조던'이라는 이름을 입력했고, 덥수룩한 팔자수염을 기른 늙은 백인 남자의 세피아톤 사진과 마주했다. 눈빛이 좀 강경해 보였다.

당신은 어떤 사람이야? 경고성 교훈담인가? 아니면 살아가는 방법을 알려주는 모범?

나는 궁금해서 마우스를 클릭해 다른 사진들도 살펴봤다. 갑자기 양처럼 보이는 소년 시절의 조던이 나타났다. 짙은 곱슬머리가 흘러내리고 귀가 두드러지게 튀어나와 있었다. 보트 위에 똑바로 서 있는 젊은이의 모습도 있었다. 어깨가 넓어졌고, 거의 관능적이라고 묘사할 수 있는 방식으로 아랫입술을 깨물고 있었다. 할아버지가 된 그는 팔걸이가 있는 의자에 앉아 털북숭이 하얀 개를 쓰다듬고 있었다.

그가 쓴 논문과 책들이 있는 링크도 보였다. 어류 수집 안내서, 한국과 사모아(남태평양의 섬나라), 파나마의 어류에 관한 분류학 연구, 심지어 절망과 음주와 유머와 진실에 관한 에세이도 있었다. 그는 또 어린이책도 썼고, 풍자와 시도 썼다. 하지만 타인의 삶에서 안내를 받고 싶어 하는 길 잃은 저널리스트에게는 《한 남자의 나날들The Days of a Man》이라는 절판된 회고록이 있다는 사실이 무엇보다 좋았다. 제목에서 말하는 그 남자의 나날들에 관한 세부적인 내용이 얼마나 꽉꽉 들어차 있는지 두 권으로 나눠서 내야 할 정도였다. 절판된 지 거의 한 세기가 지난 책이었지만, 다행히 어느 중고책 거래자가 그 책을 갖고 있는 걸 발견했고, 그에게 27.99달러를 지불하고 그 책을 넘겨받았다.

도착한 배송 꾸러미는 따뜻하고 뭔가 마법에 걸린 물건 같은 느낌이었다. 마치 그 안에 보물지도라도 담겨 있는 것처럼. 스테이크 나이프로 포장 테이프를 자르니, 금박으로 새겨진 글씨가 희미한 빛을 내는 올리브색 책 두 권이 나왔다. 나는 큰 주전자 가득 커피를 만들어 1권을 무릎에 올리고 소파에 앉았다. 이로써 혼돈에 항복하기를 거부하는 사람에게 어떤 일들이 벌어지는지 파헤칠 모든 채비가 끝났다.

I.

별에 머리를 담근 소년

데이비드 조던은 뉴욕주 북부의 한 사과 과수원에서, 1851년 한 해 중 가장 어두운 시간에 태어났다. 어쩌면 이것이 그가 별에 그토록 몰두하게 된 이유인지도 모르겠다. 그는 자신의 소년기에 관해 이렇게 썼다. "가을 저녁 옥수수 껍질을 벗기던 중 천체의 이름과 의미에 관해 호기심이 생겼다."[1]

하지만 그는 반짝거리는 별들을 마냥 즐길 수만은 없었다. 별들이 혼란스럽게 흩어져 있는 밤하늘은 그에게 질서를 부여하고 알아내야 할 대상처럼 느껴졌다. 여덟 살쯤 됐을 때 조던은 천문도가 있는 지도책을 손에 넣었고, 그 페이지에서 본 것과 머리 위에 보이는 것을 비교하기 시작했다. 밤이면 밤마다 그는 집에서 몰래 빠져나가 하늘에 있는 모든 별들의 이름을 익히려 했다. 그리고 그의 말에 따르면, 밤하늘 전체에 질서를 부여하는 데는 5년 정도밖에 걸리지 않았다. 그에 대한 상으로 그는 자신의 가운데 이름(미들네임)으로 '스타Starr'를 골랐고,[2] 남은 평생 자랑스럽게 그 이름을 달고 다녔다.

천체를 정복한 데이비드 스타 조던은 지상으로 관심을 돌렸다. 조던 집안의 땅은 물결 지듯 기복이 있는 지형이었고, 거기에 나무와 늪지, 농장 건물, 가축들이 모여 있었다. 부모님은 양털 깎는 일, 솔을 깨끗이 유지하는 일, 그리고 그의 주특기였던 해진 천을 꿰매 깔개를 만드는 일(이때 그의 굽힘근 힘줄은 이미 바늘 놀리는 법을 익히고 있었다) 등 온갖 잡다한 일거리를 데이비드에게 맡겨 쉴 틈을 주지 않았다.[3] 그래도 데이비드는 일하는 틈틈이 지도를 만들기 시작했다.

지도 만드는 일은 자기보다 열세 살이 많고 깊은 갈색 눈을 지닌 조용하고 온화한 성품의 형 루퍼스에게 도움을 받았다. 루퍼스는 데이비드에게 말을 안정시키려면 긴 목을 어떻게 쓰다듬어주어야 하는지, 가장 먹음직스러운 블루베리를 찾을 수 있는 덤불은 어디에 있는지 가르쳐주었다. 루퍼스가 수수께끼 같은 풍경의 비밀을 하나하나 밝혀내는 것을 보면서 데이비드는 경외심에 사로잡혔다. 그는 루퍼스를 "절대적으로 숭배"했다고 썼다.[4]

데이비드는 형과 함께 본 모든 것을 담은 상세한 지도를 천천히 그려나갔다.[5] 자기네 과수원의 지도를 그렸고(나무와 동물은 종별로 표시했다), 학교까지 걸어가는 길의 지도도 그렸다(교회는 교파별로 표시했다). 자기가 알고 있는 땅의 지도를 다 만들자 더 먼 곳으로 눈을 돌렸다. 먼 마을들, 주들, 나라들, 대륙들의 지도를 베껴 그렸고, 마침내 지구 구석구석 그의 갈구하는 작은 손가락이 지나가지 않은 곳이 거의 없었다.

"그때 내가 보인 열성은 어머니에게 상당한 우려를 안겼다"[6]라고 그는 썼다. 어머니는 '훌다'라는 이름의 덩치 큰 여성이었다. 보다 못한 훌다는 어느 날 어린 소년 데이비드의 땀이 배어 꾸깃꾸깃해진 지도 뭉치를 모두 가져가 없애버렸다.

* * *

왜 그랬을까? 누가 알겠는가. 아마도 훌다와 남편 히람이 독실한 청교도였기 때문이 아닐까. 그들은 절대 큰 소리로 웃는 법이 없었고, 매일 아침 태양보다 먼저 밭에 나가는 자신들의 순교자적 성취를 자랑스럽게 여겼다.[7] 이미 지도가 존재하는 땅들의 지도를 만든다고 시간을 허비하는 일은 그들에게는 경거망동이자 하루의 쓸모에 대한 모욕으로 보였을 것이다. 하물며 그들이 고생스레 살고 있는 상황에서, 따야 할 사과가 있고 캐야 할 감자가 있으며 바느질해야 할 해진 천들이 있을 때는 더더욱 그랬을 것이다.[8]

아니면 훌다의 못마땅함은 단순히 그 시대를 반영한 것인지도 모른다. 19세기 중반에 이르면 강박적으로 자연계에 질서를 부여하는 것은 유행에서 뒤처진 일로 간주되기 시작했다. 발견의 시대가 시작된 건 이미 400년도 더 지난 일이었고, 근대 분류학의 아버지 칼 린나이우스Carl Linnaeus(칼 폰 린네)가 대작 《자연의 체계Systema Naturae》(1735)를 완성하여 모든 생명의 상호 연관성에 대한 청사진으로 제시한 1758년에는 이미 상당 부분 마무리되었다(물론 린나이우스의 차트에 오류들이 수두룩하기는 했지만 말이다. 두 가지만 예로 들자면 그는 박쥐를 영장류로, 성게를 벌레로 분류했다).[9] 게다가 배들이 항구와 항구 사이를 오가는 일이 더 잦아지면서, 한때 사람들을 상점과 술집, 커피하우스로 끌어들이던 이국적인 표본과 지도를 구경하는 일도 점점 시들해졌다.[10] 진기한 물건을 수집해두던 방에는 먼지가 쌓이고, 이제 세계에 대해 알 수 있는 것은 다 알려진 것처럼 보였다.

그러나 뭔가 다른 이유 때문일 수도 있다. 바로 그 무렵, 신성모독적인 텍스트 하나가 거슬리는 소리를 내며 인쇄기를 통과하고 있었다. 1859년, 어린 데이비드가 콧잔등에 주름을 잡아가며 별들을 올려다보기 시작하던 바로 그해에 《종의 기원On the Origin of Species》이 세상에 공개되었다. 혹시 훌다가 이 소식을 신문으로 읽었을 가능성이 있을까? 그래서 자연계의 균형이 막 무너질 것임을 눈치챈 것일까?

이유가 무엇이든 훌다는 꿈쩍도 하지 않았다. 데이비드의 구겨진 지도를 주먹 가득 움켜쥔 채, 훌다는 아들에게 시간을 쓸 "더 중요한" 일을 찾아보라고 말했다.[11] 착한 소년답게 데이비드는 어머니의 말을 들었다. 지도 만들기를 그만둔 것이다. 하지만 진짜 소년답게 데이비드는 어머니의 말을 듣지 않았다. 진정한 의미에서는 말이다.

자신의 죄를 지구 탓으로 돌리려는 건지 데이비드는 이렇게 썼다. "우리 시골집 주변에는 다양한 들꽃이 아주 많았다."[12] 학교에서 집으로 돌아가는 길에 그는 이따금 풀밭에서 벨벳처럼 부드러운 파란 꽃잎이 동그란 공처럼 모여 핀 꽃과, 실크처럼 부드러운 주황색 별모양 꽃들을 꺾어 집으로 가져갔다. 어떤 꽃은 냄새만 맡아보고 바닥에 던져버렸지만, 때때로 어떤 꽃은 손가락 사이에 계속 남아 있다가 데이비드의 침실까지 따라 들어오곤 했고, 그런 다음 침대 위에 놓인 채 꽃잎의 신비로운 배열 방식으로 데이비드를 자극했다. 그는 그 꽃을, 그 꽃의 이름과 생명의 나무에서 차지하는 정확한 위치를 알고 싶은 욕망을 억누르려 애썼다. 그리고 꽤 잘 억눌렀다. 사춘기가 닥치기 전까지는.

중학교에 들어간 첫날, 데이비드는 학교 도서관에서 "꽃들에 관한 작은 책 하나"[13]를 몰래 집으로 가져왔다. 그리고 자기 방에 혼자 있을 수 있게 되자, 꽃들로 지저분해진 책상에 앉아 손에는 책자를 들고 어떤 꽃이 어떤 꽃인지 구별하고, 그 꽃이 무슨 속이며 무슨 종인지를 밝혀나갔다. 이제 발가락에도 털이 숭숭 나고 목소리는 낮게 깔려 거의 남자가 다된 데이비드는 때때로 지나가는 길가에 보이는 꽃들의 학명을 들먹이며(페리윙클은 *빈카 마요르Vinca major*로, 해바라기는 *헬리안투스 안누우스Helianthus annuus*로 탈바꿈했다) 어머니를 도발했다. 마치 이제는 때리거나 구기거나 내다 버려도 자신의 열정을 없앨 수 없다는 듯이. "나는 내가 동정○한 다양한 식물의 이름을 그 순서대로 벽에 장식했는데, 마침 벽이 흰색이어서 장식하기에 알맞았다. 이런 행동은 아마 그렇게라도 내 의지를 분명히 밝히려는 노력이었을 것이다"라고 그는 썼다.[14]

그는 또 어쩐지 미심쩍어 보이는 사람과도 어울려 다니기 시작했다. 외딴 곳에 살고 있는 조슈아 엘런우드라는 가난한 농부였는데, 그는 그 지역에 있는 거의 모든 식물의 학명을 알고 있었다. 그렇게 대단한 능력을 갖췄다는 이유로 그 노인은 이웃들에게 "꿈도 야망도 없이 시간만 낭비하는 사람"[15] 취급을 받았다.

데이비드는 그 농부를 경외했다. 노인이 전원을 누비며 산책할 때면 졸졸 따라다니면서 그의 묘수를, 그러니까 잎 모양이나 꽃잎 수, 향 등으로 식물의 종을 알아내는 방법을 가능한 한 많이 흡

○ 동정同定, identification이란 생물의 실체를 확인하기 위한 작업으로, 해당 생물 또는 표본이 속한 분류군과 정확한 이름을 알아내는 일이다.

수하려고 노력했다. 조슈아를 만난 뒤 데이비드는 아름다움에 대한 사랑을 버리고, 무미건조하고 못생긴 꽃들—민들레(*타락사쿰 오피시날레Taraxacum officinale*)나 미나리아재비(*라눙쿨루스 아크리스 Ranunculus acris*) 같은—이 자연의 청사진에 대한 더 좋은 실마리를 담고 있다고 확신했다. "작은 것들은 아름답지는 않아도, 단 한 종류의 큰 꽃 백 송이보다 내게는 더 큰 의미가 있다. 미적 관심과 구별되는 과학적 관심을 보여주는 특별한 증거는 숨어 있는 보잘것없는 것들에게 마음을 쓰는 일이다."[16]

숨어 있는 보잘것없는 것들.

여기서 데이비드가 자신에 관한 뭔가를 드러내려고 했던 것일까? 회고록에는 이런 측면을 많이 드러내지 않았지만, 그에게 인간 세상은 야박한 것이었는지도 모른다. 역사학자이자 데이비드의 전기작가이기도 한 에드워드 맥널 번즈Edward McNall Burns에 따르면, 부모가 데이비드를 기숙학교에 입학시켰을 때 "여학생들은 [그를] 그다지 유망한 인물로 여기지 않았다. 다른 남학생들은 밤이면 기숙사 건물 위층으로 땔감을 올려 보낼 때 쓰는 바구니에 담겨 [여자 기숙사로] 끌어올려지곤 했다는 이야기가 전해지는 걸 보면 말이다."[17] 아아, 데이비드는 그런 바구니 탑승의 기적을 한 번도 경험하지 못했던 것이다.

성장할수록 외부 세계는 그에게 점점 더 가혹해졌다. 데이비드는 꽁꽁 언 연못에 스케이트를 타러 갔다가 자기보다 한참 작은 사내아이와 몸싸움을 한 일에 관해, 노래를 부르려 했으나 음악 선생이 그만두라고 말한 일에 관해,[18] 열여섯 살 때 야구 경기에서 플라이볼을 잡으려 몸을 날렸다가 "코뼈가 부러져 경기장에서 끌려

나가고, 그 코가 자리를 못 잡아 이후 내내 살짝 비뚤어져 있었던" 일에 관해 썼다.[19]

이후 교사로 처음 발령받은 학교에서도 데이비드는 가혹한 일들을 겪어야 했다. 반 학생들은 이웃 마을의 말썽꾸러기 사내아이 무리였다. 몇 주 동안 데이비드는 나무 지시봉으로 어느 정도 질서 비슷한 것이나마 유지해보려고 노력했다. 아이들의 주의를 모으려고 지시봉을 흔들어대고, 때로는 그중 가장 말썽이 심한 아이를 지시봉으로 때리기도 했다. 그러나 이마저도 아이들이 아직 반란을 일으키기 전의 일이다. 그들은 데이비드의 믿음직한 지시봉을 낚아채서 불 속에 던져버렸다.[20]

그는 혼자만의 재미에 빠져든 일에 관해서도 썼다. 이를테면 모험소설과 시를 즐겨 읽고, "두 손을 맞잡고 그 사이 공간으로 점프하려" 시도하느라 기운을 다 빼버린 일들 말이다.[21] 그러나 혼자 있을 때조차 그는 안전하지 않았다. 데이비드가 열한 살이던 어느 날, "나무 그루터기를 태우는, 취향에 딱 맞는 일"을 즐겁게 하고 있을 때 누나 루시아가 농장 문으로 들어섰다. 그러더니 데이비드가 회상하기로 "살아 있는 형의 모습을 보고 싶다면 서둘러서 집으로 가야 해"라고 큰 소리로 외쳤다.[22]

데이비드는 어리둥절했다. 루퍼스가 집에 있을 리 없었다. 열정적인 노예제 폐지론자이던 루퍼스는 얼마 전 북부연방군에 입대하려고 집을 떠났다. 그러나 루퍼스는 전쟁터에 발을 들여놓기도 전에, 자기 확신의 힘을 시험받기도 전에 훈련소에서 알 수 없는 병에 걸렸다. 그 병은 순식간에 그의 몸 곳곳을 돌아다니며 체온을 올리고 피부에 장미 색깔 점들을 빼곡히 돋웠다. 당시에는 원인도 치료법도 알려지지 않고 그냥 '군대 열병'이라고 부르던 병이었다(몇십 년 뒤 그 병에 '발진티푸스'라는 이름이 붙었다).

데이비드가 형의 침대 곁으로 다가갔지만, 나침반처럼 방향을 잘 찾던 루퍼스의 눈은 힘없이 늘어지고 풀려서 초점을 맞추지 못했다. 데이비드는 몇 시간 동안 침대 곁에 머무르며 의지로 운명을 움직여 형의 몸에 다시 힘을 불어넣으려 애썼다.

이튿날 아침 루퍼스는 깨어나지 못했다.

"형의 때 이른 죽음 이후 오래도록 이어진 외로움과 괴로움의 시기를 아직도 기억하고 있다"라고 데이비드는 썼다. "밤마다 나는 사실이 아니기를, 형이 안전하고 건강하게 다시 돌아오기를 꿈꿨다."[23]

✶ ★ ✶

루퍼스가 죽은 이후 데이비드의 일기장은 색채들로 폭발하기 시작했다.[24] 들꽃, 고사리, 아이비, 나무딸기 등 이 세계에서 뜯어올 수 있는 자연의 모든 파편을 꼼꼼하게 스케치하려 했던 것 같다. 그림의 기교는 그리 뛰어나지 않았다. 그 그림들은 문질러 번진 연필 얼룩, 잉크 자국, 지우개 자국, 지나치게 열심히 그리려다 흘린 눈물로 얼룩져 있었다.[25] 그러나 그 미숙함 속에는 그의 집착과 필사적인 마음, 자신도 모르는 것들의 형상을 붙잡아두기 위해 근육의 온 힘을 동원해 노력한 흔적이 역력했다.

각각의 그림 밑에는 마침내 학명이 하나씩 적혀 있었다. 잉크가 갑자기 부드럽게 흐르고, 글자들은 제법 능숙한 솜씨로 둥근 획을 뻗고 있었다. *캄파눌라 로툰디폴리아Campanula rotundifolia, 칼미아 글라우카Kalmia glauca, 아스트라갈루스 카나덴시스Astragalus canadensis.* 데이비드는 마침내 그 이름들을, 라틴어로 된 승리의 선언이자 통달의 선언을 큰 소리로 발음하게 되었을 때의 감각을 이렇게 묘사했다. "그 이름들은 내 입술에 얹힌 꿀과 같았다."[26]

심리학자들은 이처럼 괴로운 시기에 수집이 줄 수 있는 달콤한 위안에 관해 연구해왔다. 수십 년간 강박적인 수집가들과 상담해온 심리학자 워너 뮌스터버거Werner Muensterberger는 《수집: 다루기 어려운 열정Collecting: An Unruly Passion》에서 수집 습관이 모종의 "박탈 혹은 상실 혹은 취약성"이 발생한 후 급격히 심각해지는 경우가 많으며, 새롭게 하나를 수집할 때마다 수집가에게는 폭발적인 도취감을 주는 "무한한 힘의 환상"이 흘러넘친다고 말했다.[27] 그라나다대학에서 수년간 수집가들을 연구한 프란시스카 로페스-토레시야스Francisca López-Torrecillas는 스트레스나 불안을 겪는 사람들이 수집에 의지해 고통을 달랜다며 비슷한 현상을 지적했다. "사람들이 이렇게 자신의 무력함을 느낄 때는 강박적인 수집이 기분을 끌어올리는 데 도움이 된다."[28] 뮌스터버거가 지적하듯, 유일한 위험은 여느 강박과 마찬가지로 수집 습관이 "신나는" 일에서 "파멸적인" 일로 바뀌는 어떤 지점이 존재할 수도 있다는 사실이다.[29]

* * *

데이비드가 자랄수록, 어깨가 넓어지고 입술이 도톰해질수록 새로운 표본에 대한 갈망은 더욱 강렬해졌다. 하지만 그는 그런 일에 관심을 두는 사람을 전혀 찾지 못한 것 같다. 그가 아무리 열심히 공부하고, 새로운 종의 이름을 아무리 많이 배우고, 분류학에 대한 논문을 아무리 발표해도 "학교에서는 나의 관심에 전혀 주의를 기울이지 않았다."[30] 그는 코넬대학에 들어가 겨우 3년 만에 과학 학사와 석사 학위를 받았다. 그런데도 직장을 구하는 데 애를 먹었다.[31] 대학들은 말쑥하게 타이를 매고 허세와 지시봉으로 강의실을 좌지우지할 수 있는 사교적인 남자들을 찾고 있었다. 데이비드가 너무나도 사랑하는, 무릎이 까지고 팔꿈치가 더러워져도 아랑곳없이 조용히 자연 속을 더듬고 다니는 일을 사람들은 아이들이나 하는 놀이라며 업신여겼다.

데이비드의 인생은 그렇게 계속될 수도 있었다. 꽃들을 수집하려는 필사적인 충동에 이끌리는 채로, 세상은 그의 소명에 가치가 있다는 걸 납득하지 못하는 채로. 그렇게 시간이 흐르고, 그는 천천히 잎사귀들만 가득한 외로움 속으로 점점 더 깊이 파고들어 갔을지도 모른다.

그가 페니키스 섬에 발을 들이지만 않았다면 말이다.

2.

어느 섬의 선지자

Why Fish Don't Exist

페니키스 섬은 매사추세츠 해안에서 22킬로미터 떨어진 지점에 있다. 길이는 1.5킬로미터가 채 되지 않고, 내리쬐는 태양으로부터 보호해줄 나무도 거의 없는[1] 이 섬은 사슬처럼 이어지는 여러 섬 중에서도 "땅꼬마"[2]라 불려온, "슬프고 외로운 작은 바위섬",[3] "지옥의 전초기지"[4]다.

하지만 무슨 이유에서인지 그 벌거숭이 해안은 늘 급진적 희망이 찾아드는 장소였다. 1900년대 초에는 자신이 환자들의 치료법을 찾을 수 있다고 믿은 한 의사가 이끄는 나환자촌이었다.[5] 1950년대에는 급감하는 제비갈매기 개체군의 운명을 뒤집겠다는 희망을 품은 동물연구가들이 새들의 피난처로 바꿔놓았고, 1970년대에는 비행 청소년 혹은 불량 청소년 혹은 문제아(명칭은 시기에 따라 달라졌다)들을 모아 교육하는 학교가 되었다. 어느 해병대 출신 뱃사람이 격리와 육체노동, 축산, 배 건조, 공동체 생활, 학교 공부가 "다수의 잠재적 살인자들을 자동차 도둑으로 바꿀 수 있다"는 희망을 품고 학교를 세운 것이다.[6]

내가 페니키스 섬의 존재를 알게 되었을 때 그 섬은 헤로인 중독자들이 마지막으로 그 약을 끊기 위해 찾는 헤로인 회복 센터가 되어 있었다. 그러나 이 모든 일이 있기 전, 데이비드 스타 조던의 시절에 그 외딴 바위섬에서 구원을 찾던 집단은 바로 박물학자들이었다.

데이비드가 파릇파릇한 코넬대학 졸업생이던 1873년, 당대의 가장 유명한 박물학자였던 루이 아가시Louis Agassiz는 자연과학의 미래에 관해 심각한 근심에 빠져 있었다. 아가시는 구레나룻을 무성하게 기른 카리스마 넘치는 스위스 출신의 지질학자였고, 가장 먼저 빙하기 이론을 지지한 이들 중 한 사람으로 명성을 얻었다. 그는 화석과 기반암의 긁힌 자국들을 꼼꼼하게 관찰한 후 자신만의 빙하기 가설을 세웠다. 그 결과 학생들에게 과학을 가르치는 가장 좋은 방법은 자연을 면밀히 조사하는 일이라고 확신했다. "책이 아니라 자연을 공부하라"[7]가 그의 모토였고, 학생들을 죽은 동물들과 함께 벽장에 가둬두고[8] "그 대상들이 담고 있는 모든 진실"[9]을 발견하기 전까지 벽장에서 나오는 것을 허락하지 않은 것으로도 유명했다.

40대에 하버드대학 교수가 된 그는 이 학교에서 겪은 실상에 심기가 불편해졌다. 학생들과 흙을 헤집으며 돌아다닐 수도 없었고, 그들을 썩어가는 동물 사체와 함께 벽장에 가둘 수도 없었다. 그저 논문과 시험, 과학책에 인쇄된 믿음들을 끊임없이 반복 암송하는 일뿐이었다. 이런 접근법을 우려스럽게 본 아가시는 "과학은 일반적으로 믿음을 싫어한다"[10]고 경고했다. 예컨대 1850년이나 되어서도 다수의 존경받는 과학자들이 벼룩과 구더기 같은 것이 먼지 입자로부터 발생할 수 있다는 '자연발생설'을 여전히 믿고 있었고, 그보다 몇십 년 전까지도 어떤 물질이 불에 탈 수 있는지 없는지를 플로지스톤phlogiston이라는 마술적 물질이 결정한다고 믿고 있었다.

당시는 사람들이 '군대 열병' 같은 알 수 없는 병으로부터 사랑하는 사람을 지킬 방법이 전혀 없는 바로 그런 시절이었고, 아직 박테리아가 그 병의 원인이라는 사실이 밝혀지기 전이었다. 아가시는 사람들이 당대의 믿음들에 만족한다면 계속해서 발전이 가로막히고 좌절되고 병든 상태로 남을 거라고 걱정했다. 그건 안 될 일이었다. 거기서 벗어날 방법, 계몽으로 나아갈 방법은 이 세계의 털가죽과 꽃잎과 조약돌들을 계속해서 더 세밀하게, 더 오랫동안 들여다보는 것이었다.

아가시는 그러한 병폐를 바로잡을 수 있는 안전한 성역을, 요컨대 자연에서 젊은 박물학자들을 모아놓고 직접 관찰의 기술을 가르칠 수 있는 일종의 여름 캠프를 꿈꿨다. 그리하여 1873년에 어떤 부유한 토지 소유자가 그러한 대의를 위해 페니키스 섬을 기부하겠다고 제안했을 때 아가시는 냉큼 그 기회를 붙잡았다.

섬의 위치는 이상적이었다. 본토에서 1시간 거리로 접근이 쉬우면서도 자유를 느낄 만큼 충분히 먼 거리였다. 면적도 그랬다. 배회할 만큼은 충분히 컸지만, 절대 길 잃을 일은 없을 만큼 작은 섬이었다. 그러면 페니키스 섬에 있는 연구 대상들은 어땠을까?

흠, 어디서부터 시작해야 할까. 나무가 없는 해변은 세찬 바닷바람을 받는 무성한 바다풀로 덮여 있었고, 그 틈을 보물들이, 그러니까 게와 잠자리, 뱀, 생쥐, 귀뚜라미, 물떼새, 딱정벌레, 올빼미가 바스락거리며 지나다녔다. 고운 모래가 고여 있는 조수웅덩이에는 달팽이와 해조류, 따개비가 가득했다. 그중에서도 아가시가 가장 좋아했을 법한 것은 투박한 이빨처럼 섬 곳곳에 박혀 있으며 일부는 높이가 4.5미터나 되는 연한 금색의 둥근 바위들로, 표면에 새겨진 긁힘 자국은 약 2만 년 전 거대한 빙하가 이동한 방향을 알려주었다. 마지막으로 찰싹찰싹 파도로 섬을 쓰다듬어주는 사랑스러운 바다가 있었다. 불가사리, 해파리, 굴, 성게, 가오리, 투구게, 멍게, 그리고 물고기, 미끌미끌하고 반짝이며 너무나도 경이로운 물고기들. 이 무한한 풍요를 제공하는 사파이어 빛의 광대한 바다 말이다. 박물학자가 던지는 그물이 텅 빈 채 올라오는 일은 결코 없을 터였다. 자연 자체를 교육의 재료로 삼기를 바라는 사람에게 페니키스 섬은 한마디로 금광이었다.

아가시가 캠프를 짓기 위해 목재를 섬으로 실어 나르기 시작했을 때, 데이비드 스타 조던은 섬과는 국토의 절반쯤 떨어진 곳에 위치한 일리노이주 게일스버그에서 신문을 읽고 있었다. 그는 마침내 일자리를 구해 롬바드칼리지Lombard College라는 작은 기독교대학에서 과학을 가르치고 있었다. 하지만 조던은 비참했다. 지리적으로도 영적으로도 고립된 느낌이었다. 동료들은 그가 신성모독적인 빙하기 이론을 가르친다며 비판했고, 더욱 괘씸하게도 학생들에게 실험 도구를 다루게 하고 "화학물질을 낭비하게"[11] 내버려둔다고 비난했다. 추운 평지인 일리노이에서 그는 어린 시절을 보낸 꽃 피는 골짜기를 그리워했다. 그러던 어느 이른 봄 어둠침침한 아침, 신문을 펼치자 광고 하나가 눈에 들어왔다. "해변에서 강의하는 자연사 수업"[12] 광고였고, 강사는 무려 루이 아가시였다.

나는 데이비드가 마시던 모닝커피가 코로 넘어가는 모습을 그려본다. 하지만 그게 커피였을 가능성은 없다. 그는 자신의 지각

능력에 해가 될까봐 평생 술과 담배는 물론이고 카페인까지 절대 입에 대지 않았다. 그러니까 그런 장소가 존재한다는 너무나도 믿을 수 없는 사실 앞에서, 그의 코로 넘어간 건 어쩌면 물이나 허브차, 아니면 다른 무언가였을 것이다. 그는 최대한 빨리 캠프에 지원했다. 몇 주 뒤, 아가시가 직접 서명한 합격통지서와 함께 일리노이주를 빠져나갈 티켓이 우편으로 도착했다.

* * *

몇 달 뒤인 1873년 7월 8일, 데이비드 스타 조던은 매사추세츠주 뉴베드퍼드의 한 항구에 발을 딛고, 생애 처음으로 대양을 바라보았다.[13] 그의 나이 22세 때의 일이다.

서서히, 점점 더 많은 수의 남자들과 여자들로 뒤섞인 젊은 박물학자 무리가 부두 위에 있는 그의 곁으로 모이기 시작했다. 아름다운 아침이었다. 바다는 잔잔했고 하늘은 찬란한 푸른빛이었다. 수평선 저 멀리 보이는 작은 섬으로 그들을 실어다줄 예인선이 그들 쪽으로 다가왔다. 배에서 널판자를 내리자 젊은 박물학자 50명이 그 위를 걸어 배에 올랐다. 배가 파도 사이로 넘실거리며 나아가는 동안 캠프를 향해 가는 그 젊은이들이 무슨 이야기를 나누었는지는 세월 속에 묻혀버렸다. 어쩌면 자기 고향의 동물들에 관한 허풍 섞인 이야기를 주고받았거나, 동물계와 식물계와 광물계 중 어느 왕국에 충성을 맹세했는지 서로 물었을지도 모른다. 데이비드가 질문을 받았다면, 어린 시절 살던 농가의 벽을 덮어버린 무성한 아이비 때문에 "자기방어를 위해 식물학자"[14]가 되었노라는, 자기가 해본 농담 중 가장 잘 먹히는 농담으로 답했을 것이다. 아니면 보트 난간에 딱 붙어서, 어느 바다생물의 살갗이라도 찾으려는 듯 그 신비로운 파도를 눈으로 훑고 있었을 수도 있다. 그 시절에도 여전히 수줍음과 새로운 장소에 대한 경계심이 남아 있었다고 고백한 걸 보면 말이다.[15] 어쩌면 그는 자연에서 피난처를 찾는 그 오래된 기술로 자신을 달랬을지도 모른다.

한 시간쯤 뒤 예인선이 엔진 기어를 낮추고 섬으로 접근하기 시작했다. 데이비드는 갑판 위 자기가 서 있던 자리에서 긴 선창 끄트머리에 서 있는 한 사람의 실루엣을 알아볼 수 있었다. 그는 이렇게 썼다.

> 우리 중 그날 처음 본 아가시의 모습을 잊을 사람은 아무도 없을 것이다. 우리는 이른 아침 뉴베드퍼드에서 작은 예인선을 타고 내려왔고, 아가시는 배를 대는 곳에서 우리를 맞이했다. 그는 그 작은 선창에 홀로 서 있었고, 그의 커다란 얼굴은 기쁨으로 환히 빛나고 있었다. (…)
> 키가 크고 체격이 건장했으며, 넓은 어깨는 세월의 무게에 약간 굽어 있었고, 다정한 암갈색 눈과 쾌활한 미소가 크고 둥근 얼굴을 밝히고 있었다. (…) 우리가 배에서 내리자 그는 따뜻하게 우리를 맞이했다. 그리고 선택될 수도 있었을 다른 많은 사람을 제치고 우리를 선택한 자신을 정당화할 이유를 찾는 듯, 우리의 얼굴을 자세히 들여다보았다.[16]

학생들 한 명 한 명을 악수로 맞이한 뒤, “그 위대한 박물학자”

는 그들을 언덕 위로 데려가 새로 지은 기숙사 건물을 보여주었다. 건물은 결코 나무랄 데 없는 상태라고 할 수 없었다. 건축이 아가시가 예상한 것보다 더 오래 지체되었기 때문이다. 창틀도, 지붕널도 아직 설치되지 않았고,[17] 그때까지도 서까래에 매달아둔 엉성한 돛천이 남자와 여자의 숙소를 구분하는 벽을 대신하고 있었다.[18]

일부 학생들은 경악했다. 영국 로체스터에서 온 젊은 조류관찰자 프랭크 H. 래틴은 그 섬의 고적한 위치와 태양을 막아줄 보호막조차 없다는 사실에 그 섬을 지옥 같은 곳이라고 묘사했다. "그 자체만으로 볼 때 그 섬은 가장 변변찮은 장소였고, 처음에는 내가 여기 머무는 시간을 즐길 수 있으리라는 확신을 도저히 가질 수 없었다."[19]

그러나 눈이란 참으로 알 수 없는 감각기관이어서 사람에 따라 똑같은 것도 다르게 보이기 마련이다. 바로 그 똑같은 뜨거운 땅이 데이비드에게는 정체를 알 수 없는 조개, 해면동물, 해초들로 반짝거리며 환영의 손짓을 보냈다. 학생들이 안면을 트고, 서로 추파를 던지고, 길게 늘어선 침대 중 자기 자리를 고르는 동안, 데이비드는 슬그머니 해변으로 내려가 평생 처음으로 소금기 밴 바닷물에 손가락을 담갔다. 까맣고 부드러운 돌 하나를 집어 들었다가 이어서 녹색을 띤 돌을 집어 들었다가 하는 사이, 그의 머릿속에는 앞으로 평생 그를 따라다닐 다급한 마음이 흘러넘쳤다.

'이게 각섬석인가? 아니면 녹렴석인가? 이 둘을 어떻게 구별할까?'[20]

얼마 뒤 누군가가 그를 부르더니 얼른 헛간으로 와서 늦은 아침을 들라고 했다. 안에 있던 양들을 밖으로 내몬 게 겨우 며칠 전의 일이었다고 하니[21](그러고 나서 다리 네 개 달린 테이블을 들여놓았다), 아마도 헛간에는 건초와 오줌과 풀과 생명의 냄새가 배어 있었을 것이다. 서까래에 자리 잡은 거미줄과 제비 둥지들은 그대로 남아 있었다.[22] 이 헛간이 그 여름 그들의 교실이 될 터였다. 학생들은 긴 테이블에 자리를 잡고 잡담을 나누며 음식을 먹었다.

아침을 먹는 동안 데이비드는 수전 보웬Susan Bowen이라는 매사추세츠에서 온 젊은 식물학자의 적갈색 머리카락을 얼핏 보았을 가능성도 있다. 두 사람은 그해 여름 가까운 사이가 되어 함께 달빛 비치는 페니키스 해안을 탐험하고, 파도 속에 발을 담그며 불꽃처럼 터지는 초록빛 생물발광°을 일으키고는 했다.[23]

식사가 끝나자 아가시가 자리에서 일어나 환영 연설을 했다. 그 축복의 말은 재현하기에는 너무나 아름다웠던 모양이다. 데이비드는 "그날 아침 아가시가 한 말은 결코 다시 말로 옮길 수 없다"라고 선언했다.[24]

다행스럽게도 그해 여름 캠프에는 유명한 시인 존 그린리프 휘티어John Greenleaf Whittier도 함께 자리하고 있었는데, 그는 데이비드와 달리 아가시의 말을 옮기는 일을 마다하지 않았다. 나중에 휘티어는 바로 그날의 연설을 자세히 담은 〈아가시의 기도The Prayer of Agassiz〉라는 시를 발표했다.[25] 휘티어는 "사파이어색 바다에 둘러싸인/ 페니키스 섬에서"라고 약간의 배경 설명을 한 뒤, 아가시의 축복의 말에 대해, 수집하는 것이 중요한 이유에 대해 이야기했다.

° 반딧불이처럼 생물이 화학작용을 통해 스스로 빛을 내는 것. 야광충이 많은 밤 해변에서는 바닷물에 손이나 발을 담그면 야광충들이 발하는 푸른빛을 볼 수 있다.

스승이 젊은이들에게 말했지.
"우리는 진실을 찾으러 온 것이라네.
불확실한 열쇠로 신비의 문을 하나하나 열려고 시도하지."
우리는 **그분**의 법칙에 따라
원인의 옷자락을 붙잡으려 손을 뻗는다네.
그 무한한 존재, 시작된 적 없이 영원히 존재하는 **그분**,
이름 붙일 수 없는 유일자,
우리의 모든 빛의 **빛**, 그 빛의 **근원**,
생명의 **생명**, 그리고 힘의 **힘**을
맹인이 손가락으로 더듬어가듯,
우리는 이곳에서 더듬으며 찾고 있다네.
그 상형문자들이 의미하는 바를,
보이는 것에 담긴 **보이지 않는 것**의 의미를.

나는 결코 시를 잘 아는 사람은 아니지만, 저 굵은 글씨로 된 단어들을 해독해본다면, 그때 저 분류학자들이 잡초와 바위와 달팽이를 뚫어지게 관찰하면서 찾고 있었던 것은… 그 *이름 붙일 수 없는 존재, 유일자, 근원, 힘, 진리, 보이지 않는 존재*… 신이었던 것이다!

실제로 아가시가 쓴 글을 보면 그 생각을 분명히 알 수 있다. 그는 모든 종 하나하나가 "신의 생각"이며, 그 "생각들"을 올바른 순서로 배열하는 분류학의 작업은 "창조주의 생각들을… 인간의 언어로 번역하는 것"이라고 믿었다.[26]

꼭 집어 말하자면 아가시는 자연 속에 신의 계획이 숨겨져 있다고, 신의 피조물들을 모아 위계에 따라 잘 배열하면 거기서 도덕적 가르침이 나오리라고 믿었다. 자연에 도덕률—위계, 완벽함의 사다리 혹은 "등급"—이 감춰져 있다는 이런 생각은 고대 그리스까지 거슬러 올라간다. 꼭대기에는 인간이 있고, 이어서 동물과 곤충과 식물, 바위 등으로 이어지는 연속체상에 모든 생물을 하등한 생물부터 신성한 생물까지 차례로 배열할 수 있다는 "신성한 사다리" 개념은 아리스토텔레스가 최초로 구상했고, 후에 "*스칼라 나투라이Scala Naturae*"(자연의 사다리)라는 라틴어로 번역되었다.[27] 그리고 아가시는 생물들을 제대로 된 순서로 배열하면 신성한 창조주의 의도뿐 아니라 어쩌면 더 진보할 방법에 관한 실마리까지 알 수 있을 거라고 믿었다.

아가시가 보기에 어떤 위계들은 아주 명백했다. 예를 들면 자세가 그렇다. 인간은 "하늘을 바라보며" 직립하는 방식으로 자신들의 우월성을 드러내지만, 물고기는 "물속에서 엎드려"[28] 있다. 그런가 하면 모호한 위계들도 있다. 앵무새, 타조, 명금류가 그렇다.[29] 이 가운데 어떤 새가 사다리에서 더 높은 위치를 차지하고 있을까? 아가시는 그 답을 알아낼 수 있다면 신이 더 중요시한 것이 무엇인지, 그러니까 언어인지, 크기인지, 노래인지 알 수 있을 거라 생각했다.

하지만 *어떻게* 그 암호를 푼단 말인가? 바로 이 지점에서 상황이 재미있어진다. 현미경과 돋보기가 등장한 것도 바로 이때다. 아가시는 "구조의 복잡성 혹은 단순성" 또는 "주변 세계와 맺는 관계의 특징"[30] 같은 것이 생물의 객관적 척도라 믿고, 그 척도를 사용해 생물의 등급을 매겼다. 예를 들어 도마뱀은 "자손들을 더 많이 보살피기" 때문에 어류보다 더 높은 위치를 차지한다.[31] 한편 기생충은 모두 싸잡아 단연코 하등한 생명체다. 기생충이 생명을 이어가는 방식을 보라. 빌붙고, 속이고, 더부살이하지 않던가.

그러나 아가시는 가장 가치 있는 교훈은 피부 아래 감춰져 있다고 믿었다. 페니키스 섬에서 강의하는 어느 시점엔가 그는 학생들에게 외피의 위험성에 관해 경고했다. 그 피조물을 둘러싸고 있는 것이 비늘이든, 깃털이든, 깃이든 간에 말이다. 외피란 주의를 분산시키는 위험한 것, 분류학자들을 속여 사실은 유사성이 존재하지 않는 생물들(예를 들어 고슴도치와 호저는 겉보기에는 아주 비슷하지만, 내부를 보면 완전히 다르다) 사이에서 유사성을 보게 하는 술책일 수도 있다고 강조했다. 아가시는 신에 이르는 가장 좋은 방법은 해부용 메스를 쓰는 것이라고 설명했다. 껍질을 가르고 그 내부를 들여다보라는 것이다. 내부야말로 동물들의 "진짜 관계"를 발견할 수 있는 곳이며, 그들의 뼛속과 연골, 내장 속이야말로 신의 생각이 가장 잘 담겨 있는 곳이라고 했다.[32]

물고기를 예로 들어보자. 아가시는 이 순간 헛간 교실 바로 밖에서 헤엄치고 있는 모든 물고기, 그중 한 마리를 바다에서 건져 올려 껍질을 벗겨보면 신이 보낸 아주 분명한 메시지를 발견하게 될 거라고 했다. "인간의 육체적 본성이… 어류에 뿌리를 두고 있다는 것을 모르면, 인간이 얼마나 낮은 곳까지 내려갈 수 있고 도덕적으로 얼마나 졸렬해질 수 있는지 이해할 수 없다."[33] 아가시가 충격적이라고 느낄 만큼 인간과 유사한 어류의 골격 구조(작은 머리, 척추골, 갈비뼈를 닮은 돌출 가시)는 '인간'에 대한 경고였다. 어류는 인간이 자신의 저열한 충동들에 저항하지 못하면 어디까지 미끄러져 내려갈 수 있는지를 상기시키는 비늘 덮인 존재였다. "인간은 [어류와] 그를 구별해주는 도덕적·지적 재능을 활용할 수도 있고 남용할 수도 있다. (…) 인간은 자기가 속한 유형 중 가장 낮은 위치까지 가라앉을 수도 있고, 영적인 높이로 올라갈 수도 있다."

나이가 들어가면서 아가시는 자신이 '퇴화'라 부른 개념이 들어설 여지를 만들기 위해 종들의 순서가 고정되어 있다는 생각을 아주 살짝 느슨하게 풀어놓았다.[34] 그는 가장 높은 위치에 있는 피조물들조차 조심하지 않으면 그 위치에서 떨어질 수 있으며, 나쁜 습관들이 어떻게든 한 종을 육체적으로도 지적으로도 쇠퇴하게 만들 수 있다고 우려했다.

이렇게 아가시는 자연을 하나의 종교적 텍스트로 제시했다. 가장 둔한 민달팽이나 민들레조차 그것들을 들여다볼 만큼 호기심이 충분한 인간에게는 영적·도덕적 안내자가 되어줄 수 있다. 그 모든 메시지를 한데 모으면 정교하고 핵심적인 신의 계획이라 부를 만한[35] 형상을 얻게 된다. 그 모든 것의 의미에 대한 풍부한 우화로 이루어진 신의 설명, 모든 생물의 순위만이 아니라, (복잡다단한 일련의 도덕률로 쓰인) 상승을 향해 가는 도로 지도까지 포함해서 말이다.

"부드러운 [여름] 공기 속에서 제비들은 그 건물을 들락날락하며 날아다녔다. 그들은 그곳이 이제 헛간이 아니라 사원이라는 것을 알지 못했으므로."[36] 마침내 아가시의 말들을 옮겨 적을 수 있게 된 데이비드 스타 조던의 말이다.

아가시는 짤막한 흰 분필로 힘을 주어 칠판에 썼다. *연구실은 불경스러운 것은 그 무엇도 들어가서는 안 될 성소다.*[37] 강의를 마무리하며 그는 학생들에게 그들 앞에 놓인 일의 엄중함을 생각하며 조용히 고개 숙여 기도하라고 말했다. 시인 휘티어의 전언에 따르면 새들도 그 명령을 따랐다 한다.

"엄숙한 정적"이 지나가자, 아가시는 섬에서 보내는 시간을 진지하게 여기지 않는 이들은 집으로 돌려보낼 것이라 경고했다.[38]

* * *

나는 그날 밤 간이침대에 누운 채 잠을 이루지 못하고, 머리 위 나무 서까래들을 응시하며 자신의 세계가 재배열되는 것을 느끼고 있었을 데이비드를 상상했다. 그렇다. 그는 자신이 추구하는 것들을 너무나도 시답잖게 여겼던 어머니와 이웃들, 학우들을 설득할 수 있는 말을 마침내 여기서 발견한 것이다. 데이비드가 손에 꽃을 들고 해왔던 일들은 "무의미"하거나 "소모적"이거나 "야심 없는" 일이 아니었다. 바로 그 저명한 아가시가 정의한바 "가장 높은 수준의 선교 활동"이었던 것이다.[39] 그것은 신의 계획, 생명의 의미, 어쩌면 더 나은 사회를 건설하기 위한 길까지 해독해내는 작업이었다.

나는 데이비드가 차오르는 기쁨에 벅찬 가슴으로 서까래에 눈을 고정한 채, 심지어 *저 서까래*의 목재를 분류하려는 시도—소나무인가!? 시더!? 오크!?—조차 지구상에서 가장 분명한 목적을 지닌 일이었다고 깨달았을 순간을 그려본다. 이로써 그의 유년기 전체가 새로운 의미를 부여받았다. 현기증이 날 정도로 들뜨고 심장은 달음질쳤으리라. 그리고 아마 그것이 그가 바스락거리는 이

부자리 소리를 듣지 못한 이유일 것이다.

허술한 돛천을 사이에 두고 바로 근처에서 여자들의 몸이 이부자리에 닿아 바스락거리는 소리.[40] 그 순간 입고 있던 옷을 벗고 이불 속으로 들어가는 그 적갈색 머리카락의 여인이 내는 바스락 소리. 이 바스락거리는 소리가 자려고 누운 몇몇 남자들을 뒤흔들어놓았던 게 분명하다. 한 무리의 남자들이 베개 하나를 담요로 감싸 그 어설픈 뭉치를 (아직 분류되지 않은) 서까래 너머로 집어던진 것을 보면 말이다. 여자들 몇 명은 비명을 질렀고 몇 명은 툴툴거렸다. 그리고 데이비드는 이튿날 아침 일을 이렇게 적었다.

"아가시는 단호하고 엄격했다. 그는 아침 식사 시간에 자리에서 일어나더니 여섯 명의 젊은이(그는 이름도 밝혔다)가 10시 정각에 증기선을 타고 떠날 거라고 말했다. 그러자 여학생들은 '그 일에 별 신경을 쓰지 않았다'는 둥 '그냥 한 학생이 장난을 친 것일 뿐 아무 의미도 없었다'는 둥 탄원이 제기되었다. 그러나 그는 단호했다. 우리가 이곳에 모인 이유는 진지한 목적을 위해서라고 그는 말했다. '장난' 같은 걸 칠 장소도 시간도 아니라는 것이었다."[41]

여섯 젊은이가 수치스러움을 안고 집으로 돌아가는 증기선에 오르고 잠시 후, 데이비드는 그물과 양동이들이 달그락거리는 작은 스쿠너schooner○에 자랑스럽게 올라탔다. 첫날 아침, 해안선을 훑으며 바위의 분류를 시도하다가 그 모습이 아가시의 눈에 띄어 첫 어류 수집 원정에 함께할 소수 인원 중 한 명으로 뽑힌 것이다. "이때가 바로 내가 바다의 물고기들을 처음으로 만난 순간이다"[42]라

○ 두 개 이상의 세로돛(종범)을 세운 범선.

고 데이비드는 기쁨에 겨워 말했다. “물고기들은 뭐가 뭔지 당황스러울 정도로 다양하게 낚여 올라왔다.” 그는 그날 갑판 위에서 파닥거리던 물고기들의 이름은 단 하나도 기록하지 않았다. 왜냐하면 아직 그에게 물고기들은 알 수 없는 수수께끼이자, 남은 평생 맞춰야 할 퍼즐로 그를 손짓해 부르는, 반짝이는 비늘로 된 실마리들에 지나지 않았기 때문이다.

3.

신이 없는 막간극

어쩌면 케이프코드는 실존적 변화를 일으키기에 아주 비옥한 땅인지도 모르겠다. 혹시 모래가 많은 케이프코드 만의 토양에 형이상학적 변화의 촉매가 되는 어떤 금속들이 함유되어 있는 것일까? 알 수 없다. 내가 아는 것은, 나 역시 그곳에 갔을 때 세계관 전체가 재배열되는 느낌을 받았다는 사실뿐이다. 그 일은 내가 일곱 살 때쯤 일어났고, 좀 이상하긴 하지만 그 순간은 내가 데이비드 스타 조던에게 집착하게 될 길을 닦아놓은 순간, 후에 내 인생이 파탄 나고 있을 때 그가 나를 구원해줄지도 모른다는 희망을 품게 만든 순간이기도 했다.

때는 초여름의 이른 아침, 우리 가족은 휴가차 매사추세츠주 웰플리트에 와 있었다. 페니키스 섬과는 겨우 80킬로미터를 사이에 두고 까마귀들이 왕래하는 곳이었다.

나는 데크에 나가 아버지와 나란히 서서 투박한 검은색 쌍안경을 주거니 받거니 하며 우리 앞에 펼쳐진 노란색과 초록색이 어우러진 습지를 바라보고 있었다. 우리는 저 멀리 보이는 하얀 점을 더 자세히 보려고 애썼다. 아버지는 키가 크고 콧수염을 길렀으며 당시에는 머리카락도 새까맣고 숱도 많았다. 밑단을 잘라 만든 청

반바지를 입고 위에는 아무것도 걸치지 않은 채, 거의 항상 실 보푸라기가 묻어 있는 털이 복슬복슬한 친근한 배를 내밀고 있었다. 나머지 가족(엄마, 두 언니, 고양이)은 아직 잠들어 있었다. 아무리 해도 렌즈의 초점이 잘 맞지 않아 쌍안경을 다시 아버지에게 넘긴 참이었다. 나는 그 하얀 점이 백조인지 부표인지 아니면 더 흥미로운 무엇인지 궁금해하며 계속 응시하다가, 이유가 뭔지는 기억나지 않지만 갑자기 아버지에게 이렇게 물었다. "인생의 의미가 뭐예요?"

어쩌면 그 습지의 광활함 때문이었는지도 모르겠다. 습지의 끝은 바다고, 바다의 끝은… 나로서는 어딘지 알 수 없는 곳이었는데—나는 돛단배가 기울어지다 넘어가는 어떤 가장자리를 머릿속에 그렸다—그 생각을 하니 갑자기 '우리 모두 여기서 뭘 하고 있는 걸까' 하는 궁금증이 생겼다.

아버지는 쌍안경 뒤에서 한쪽 눈썹을 치켜올리고는 잠시 아무 말도 하지 않았다. 그러다 씩 웃는 얼굴로 내게 돌아서면서 이렇게 단언했다. "의미는 없어!"

마치 내가 살아오는 내내, 그 질문을 할 순간만을 열렬히 기다려왔다는 듯 아버지는 내게 인생에는 아무 의미도 없다고 통보했다. "의미는 없어. 신도 없어. 어떤 식으로든 너를 지켜보거나 보살펴주는 신적인 존재는 없어. 내세도, 운명도, 어떤 계획도 없어. 그리고 그런 게 있다고 말하는 사람은 그 누구도 믿지 마라. 그런 것들은 모두 사람들이 이 모든 게 아무 의미도 없고 자신도 의미가 없다는 무시무시한 감정에 맞서 자신을 달래기 위해 상상해낸 것일 뿐이니까. 진실은 이 모든 것도, 너도 아무런 의미가 없다는 것이란다."

그런 다음 아버지는 내 머리를 톡톡 토닥여주었다.

그때 내 얼굴이 어떻게 보였는지 나로서는 알 수 없다. 잿빛이었을까? 그건 마치 이 세상을 덮고 있던, 깃털을 넣어 만든 커다란 이불을 빼앗긴 느낌이었다.

'혼돈'만이 우리의 유일한 지배자라고 아버지는 내게 알려주었다. 혼돈이라는 막무가내인 힘의 거대한 소용돌이, 그것이야말로 우연히 우리를 만든 것이자 언제라도 우리를 파괴할 힘이라고 말이다. "혼돈은 우리의 그 무엇에도 관심이 없다. 우리의 꿈, 우리의 의도, 우리의 가장 고결한 행동도. 절대 잊지 마라." 데크 아래 솔잎들이 쌓인 땅을 가리키며 아버지가 말했다. "너한테는 네가 아무리 특별하게 느껴지더라도 너는 한 마리 개미와 전혀 다를 게 없다는 걸. 좀 더 클 수는 있겠지만 더 중요하지는 않아." 당신 머릿속에 존재하는 위계의 지도를 들여다보느라 아버지는 여기서 잠시 말을 멈췄다. "과연 네가 토양 속에서 환기를 시킬 수 있을까? 목재를 갉아 먹어 분해의 속도를 높이는 일은?"

나는 어깨를 으쓱했다.

"나는 네가 그럴 수 있을 것 같지 않아. 그런 면에서 지구에게 넌 개미 한 마리보다 덜 중요한 존재라고도 할 수 있지." 그런 다음 아버지는 요점을 더 분명히 표현하기 위해 두 팔을 활짝 벌렸다. 나는 이게 포옹하자는 신호일지 모른다고, 아버지가 "농담이야, 넌 중요해!"라고 말하려는 것일지도 모른다고 생각했다. 하지만 아버지는 이렇게 말했다. "좋아. 이제 이게… 전체 시간의 길이라고 생각해보자." 아버지는 자기 가슴 앞에 펼쳐진 눈에 보이지 않는 광대한 시간의 선을 손으로 더듬었다. "여기서 인간이 존재한 기간은

*요만큼*이야!" '요만큼'이라는 말을 할 때 아버지는 연극적인 동작으로 꼬집듯이 손가락들을 모았다. "게다가 우리는 아마 곧 사라지게 될 거야. 그러니까 만약 지구 저 멀리서 떨어져서 본다면…" 여기서 아버지는 혀를 차서 끽끽하는 소리를 냈다. "그러면 우리는 *정말 아무것도* 아닌 거지. 거기엔 행성들이 있고, 그 너머엔 더 많은 태양계가 있어…"

아버지가 정확히 저 단어들을 사용했는지는 확실하지 않지만, 거의 20년 뒤 천문학자 닐 디그래스 타이슨이 "우리는 점 위의 점 위의 점이다"[1]라는 유명한 말을 했을 때 나는 아버지의 단언과 똑같은 말을 들었다고 느꼈다.

일곱 살의 내게 그날 폐부에서 회오리치던 차가운 느낌을 말로 옮길 수 있는 언어는 없었다. "그렇다면 이 모든 건 뭐 하러 해? 학교엔 왜 가? 뭐 하러 종이에 풀로 마카로니를 붙이는 건데?" 어쨌든 유년기 동안 나는 그 답을 알아내기 위해 조용히 아버지의 행동을 관찰했다.

아버지는 활기 넘치는 사람이다. 수전증이 있는 생화학자로, 모든 생명에, 심장박동과 번개에, 심지어 생각 자체에도 동력을 공급하는, 전기를 나르는 입자인 이온을 연구한다. 아버지는 안전띠도 매지 않고, 발신인 주소도 쓰지 않고, 수영이 금지된 곳에서 수영을 한다. 하루는 퇴근하고 집에 와서는 이제 *소매와는 끝*이라고 선언했다. 소매 때문에 시험관을 넘어뜨린 일이 너무 많았던 것이다. 곧바로 가위를 들고 옷장으로 달려갔고, 이후 몇 년 동안 '학계의 해적'이라는 표현이 가장 잘 어울리는 옷차림으로 출근했다.

아버지는 말썽꾼인 우리 집 개를 숭배하고, 정해진 조리법대로 조리하기를 거부하며, 개구리 다리라든가 전기가오리 내장 같은 실험 뒤 버려지는 실험 대상을 맛보기를 즐겼다. 그러다가 어머니가 생쥐 간에서 확실히 선을 그었다. 아버지가 기름기 밴 종이봉투 속 내용물을 튀기려고 주방에 들어가자 단호히 거부한 것이다. 언젠가 아버지와 내가 할머니가 계시는 양로원에 도착해서 출입문으로 들어서고 있는데 휠체어를 탄 노부인이 우리 앞길을 막아선 적이 있다. "속도 좀 줄이세요!" 아버지는 이렇게 고함을 치고는 마치 그분이 자기를 치기라도 했다는 듯 바닥에 주저앉아 찡그린 얼굴로 몸을 뒤틀어댔다. 나는 아버지가 너무 겁을 줘서 그 가련한 노인이 말 그대로 죽어버리지 않을까 걱정되고 창피해서 온몸이 움츠러들었다. 하지만 부인의 반짝이는 눈빛과 얼굴 가득 번지는 미소를 보고서 나는 그분이 농담을 잘 받아들이는 분이라는 것을, 상대방의 농담을 농담으로 받아들일 수 있는 사람으로 봐주는 사람들에 목말라 있었다는 것을 깨달았다.

"넌 중요하지 않아"라는 말은 아버지의 모든 걸음, 베어 무는 모든 것에 연료를 공급하는 것 같았다. "그러니 너 좋은 대로 살아." 아버지는 수년 동안 오토바이를 몰고, 엄청난 양의 맥주를 마시고, 물에 들어가는 게 가능할 때마다 큰 배로 풍덩 수면을 치며 물속으로 뛰어들었다. 아버지는 언제나 게걸스러운 자신의 쾌락주의에 한계를 설정하는 자기만의 도덕률을 세우고 또 지키고자 자신에게 단 하나의 거짓말만을 허용했다. 그 도덕률은 "*다른 사람들도 중요하지 않기는 매한가지지만, 그들에게는 그들이 중요한 것처럼 행동하며 살아가라*"는 것이었다.

아버지는 반세기 동안 거의 매일 아침 어머니에게 커피를 만들어주었고, 자기 학생들에게 헌신적이었다. 그들은 명절 때 우리 집에 식사하러 오고, 때로는 우리 집에서 살기도 했다. 우리 집 식탁에는 아버지가 떨리는 손으로 새긴 수천 개의 작은 숫자들이 새겨져 있는데, 이는 우리 세 자매에게 수학의 논리를 이해시키려 노력하며 보낸 무수한 밤들의 물리적 기록이다.

암울한 현실일 수도 있는 것들이 아버지에게는 오히려 인생에 활력을 가득 불어넣고, 아버지가 크고 대범하게 살도록 만들었다. 나는 평생 광대 신발을 신은 허무주의자 같은 아버지의 발자국을 따라 걸으려 노력해왔다. 우리의 무의미함을 직시하고, 그런 무의미함 때문에 오히려 행복을 향해 뒤뚱뒤뚱 나아가려고 말이다.

하지만 내가 항상 그런 일을 잘했던 건 아니다. *너는 중요하지 않아*는 내게 종종 아버지와는 다른 효과를 냈다.

* * *

너무 심각하게 받아들이지는 마시라. 카뮈는 그것이 언제나 우리 대다수의 마음속에 있을 거라고 여겼다.[2] 고통에 대한 그 처방이 어찌나 유혹적인지 18세기 시인 윌리엄 쿠퍼는 그것을 "거대한 유혹"이라고 표현했다.[3]

그것이 내게 손짓을 보내기 시작한 것은 내가 5학년 때였다. 큰언니가 학교에서 너무 심한 괴롭힘을 당해 할 수 없이 고등학교를 자퇴한 무렵이었다. 나의 상냥한 언니는 아버지처럼 머리카락이 검고, 검은 눈 위에 밤색 테 안경을 썼으며, 곧잘 짓는 미소로 드러나는 치아에는 빛나는 교정기를 끼고 있었고, 쉽게 불안해하고,

사회적 신호를 잘 이해하지 못했으며, 스트레스를 받을 때면 손을 심하게 흔들어대고 속눈썹과 눈썹을 뽑고는 했다. 나는 언니를 친절하게 대하지 않고 너그럽게 이해해주지 않은 언니의 급우들이 미웠다. 언니가 복도를 걸어가면서 의지할 눈빛을 찾고 있을 때 그런 눈빛을 보여주는 친구를 단 한 명도 찾지 못하는 모습을 떠올리는 것도 싫었다. 때로는 떠올리지 않는 게 더 나았다.

그래도 나는 아버지가 그러는 것처럼 지구가 주는 기쁨들로 나 자신을 위로해보려 했다. 진흙으로 만든 파이와 반딧불이와 흙으로 쌓은 댐 같은 것들로 말이다. 비에 대비해서 튼튼한 댐 만드는 걸 얼마나 좋아했던지, 한번은 댐을 쌓아 만든 도랑이 너무나 그럴듯해서 오리 한 마리가 찾아들 정도였다.

하지만 중학교에 들어가자 그 복도는 이번에 나까지 겨냥했다. "네 망치는 어딨냐?" 남자애들은 이렇게 비웃으며 내 목수 바지에 달린 고리를 잡아당겼다. 그들은 내가 야구모자를 너무 깊이 눌러쓰는 것도 놀려댔다. 또 나를 '제리'라고 불렀는데 이유는 나도 몰랐다. 9학년 때 남자애들이 모여 있는 옆을 지나가는데 그들이 "7!"이라고 소리쳤다. 여자애들이 지나갈 때마다 등급을 매기고 있는 게 분명했다. '7이라, 나쁘지 않네!' 하고 나는 생각했다. 그게 나와 섹스를 하려면 마셔야 할 맥주의 양이라는 걸 알아차리기 전까지는. *일곱 캔.* 인류가 완전히 절멸할 위기가 와야만 손이라도 댈 수 있다는 건가.

나는 더 용감한 여자아이, 더 견고한 영혼을 지닌 여자아이라면 그런 말도 웃으며 받아칠 수 있다는 걸 알았다. 내 문제들이 얼마나 사소한 것들인지도 잘 알았다. 하지만 내 안에는 그게 없었다. 그게 뭐였든 간에 말이다. 튼튼한 뼈대처럼 강한 기개를 찾으려 더듬거렸을 때 내 손에 잡히는 건 모래뿐이었다.

나이가 들수록 언니의 상태는 더 나빠지기만 했다. 언니는 커뮤니티 칼리지에 다니려고 시도했지만, 룸메이트와의 문제가 폭발한 뒤 집으로 돌아올 수밖에 없었다. 학위를 받기는 했지만 직업을 구하는 데는 어려움이 있었다. 현금출납기를 다루기에는 너무 허둥댔고, 도서관에서 일하기에는 너무 수다스러웠다. 밤에 집에 오면 엄마의 걱정과 아버지의 실망을 대면했고, 자기 방문 뒤에서 울부짖는 소리를 냈다. 나는 언니가 어떤 자연의 요소로, 외로움과 눈물의 토네이도로 변하는 모습을 상상했고, 눈썹과 속눈썹을 뽑아낸 얼굴로 나타난 언니를 보면 겁이 났다. 낯설어 보여서가 아니라, 그만큼 강력한 슬픔이 내 안에도 도사리고 있다는 걸 알았기 때문이다. 나는 내 살갗을 조금씩 베는 것으로 그 슬픔을 쏟아내는 편이 더 나았고, 그게 다였다.

아버지는 우리 둘 모두에게 지친 것 같았다. 우리가 왜 기운을 내지 않고 정신을 차리지 못하고 이 지구라는 바윗덩이에서 보내는 시간이 다 가기 전에 인생의 좋은 점들을 알아차리고 즐기지 않는지 답답해했다. 아버지의 실험실 책상 위에 걸린 다윈의 인용구는 "생명에 대한 이런 시각에는 어떤 장엄함이 깃들어 있다"라며 꾸짖었다. 획을 둥글게 굴린 갈색 캘리그래피로 쓴 이 글은 니스를 바른 나무 액자에 담겨 있었다. 《종의 기원》 마지막 문장에서 가져온 글귀다. 그것은 다윈의 달콤하지만 의미 없는 말, 자신이 이 세상에서 신이라는 꽃봉오리를 제거한 것에 대한 사과의 말, 장엄함이 존재한다는, 충분히 열심히 들여다본다면 찾게 될 거라는 약속의 말과도 같았다. 하지만 때로 그 말은 비난처럼 느껴졌다. 네가 그 장엄함을 보지 못한다면 부끄러운 줄 알아야 한다는 말처럼.

아버지는 기분이 안 좋을 때나 너무 힘든 하루를 보냈을 때, 맥주를 너무 많이 마셨을 때면 우리의 문제를 봐줄 만큼 봐줬다는 걸 알리기 위해 쿵쾅거리며 계단을 올라왔고, 문을 쾅 닫거나 우리를 붙잡고 마구 흔듦으로써 자신의 가장 중요한 규칙—*타인은 중요하다*—을 깼다. 한번은 언니의 등을 너무 세게 때려서 언니의 피부에 분홍색 자국을 남겼다. 어머니는 그렇게 긴장이 최고조에 달하면 울음을 터뜨렸다. 한때 우리 모두의 기둥 역할을 하던 작은언니는 내가 10학년이 되었을 때 말리의 사막으로 유학을 떠나 우리 일에서 빠져나갔는데 그 마음도 충분히 이해가 됐다.

그 어디에도 갈 만한 곳이 없는 것 같다고 생각하던 기억이 난다. 바깥세상이 내미는 건 악의에 찬 복도들, 텅 빈 수평선들뿐이며, 안쪽 세상이 내미는 것은 쾅쾅 닫히는 문들뿐이라고. *빛을 발하는 건 전혀 보이지 않아*, 1999년 4월 8일 일기에 쓴 말이다. 일요일이었다. 나는 막 열여섯 살이 된 참이었다. 이튿날 학교가 끝난 뒤 나는 차를 몰고 월그린 드러그스토어로 갔다. 수면제가 진열된 통로로 향했다. 어떤 상자는 연한 파란색, 어떤 상자는 짙은 파란색, 어떤 상자는 자주색이었다. 모두가 단잠을 약속하는, 종이처럼 하얀 별들로 반짝거리고 있었다. 나는 연보라색 상자 몇 개를 코트 속으로 슬며시 집어넣었다. 의심을 불러일으키고 싶지는 않았다.

저녁 시간에 맞춰 집에 도착하니 모든 게 한층 가벼워진 느낌이었다. 나는 온 집안이 잠들 때까지 기다렸다. 의식이 없을 때면 훌륭하게도 싸우지 않는, 서로의 품속에 파고든 엄마와 아빠, 점검 완료. 물고기를 닮은 눈꺼풀이 그날 밤에는 자비롭게도 감겨 있던 큰언니, 점검 완료. 아프리카 중부 어딘가 더 좋은 다른 가족의 집에서 잠자고 있을 작은언니, 점검 완료. 작고 하얀 개 찰리, 점검 완료. 발끝으로 살금살금 걸어 지하실로 내려갔다. 동물은 죽을 준비를 할 때 굴을 파고 들어가는 경향이 있다는 말을 아직 읽기 전의 일이다. 내가 알고 있는 건 그냥 내가 지하실로 끌린다는 것뿐이었다. 나는 작은 플라스틱 포장에서 알약을 한 알 한 알 꺼내 입 안에 집어넣는 의식을 치렀다. 1분에 한 알씩. 무신론자들도 의식은 좋아한다.

깨어나니 환한 빛이 나를 맞이했다. 내 시야에 있는 간호사 한 명, 근심에 휩싸여 병원 의자에 앉아 있는 엄마, 내 엉덩이 밑에 깔린 종이 시트, 격자 모양으로 박혀 있는 스티로폼 천장 타일이 주는 굴욕감. 나는 그 타일들이 솔틴 크래커를 닮았다고 생각했다. 아니야, 스톤드 휘트 씬즈를 더 닮았어. 아니야, 솔틴이야. 수면제를 먹은 지 이틀째 된 날이었다. 정신과 의사가 내게 항우울제 팍실을 처방했지만, 나는 자존심 때문에 그걸 먹을 수 없었다. 나는 너무 위험하다고 판단되어 수학여행에 가는 것이 허락되지 않았다. 내가 한 짓에 대한 소문이 뱀처럼 냄새도 없이 학교 복도들을 통해 퍼져나갔다.

나는 핑크색 립글로스를 샀고, 특별히 더 열심히 미소 지었으며, 다음엔 꼭 제대로 해내리라 다짐했다. 나는 어떤 물건에 대한 환상을 품기 시작했다. 알약보다 그 일을 더 잘해낼 반짝이는 금속성의 물건. 고등학교 졸업을 앞둔 무렵에는 그 외에 다른 걸 생각하기가 어려울 정도로 그 유혹을 강하게 느끼는 날들도 있었다.

★ ★ ★

그러다 대학에 들어갔을 때 나는 무언가 빛을 발하는 듯 보이는 것을 발견했다. 어느 날 복도에서 어깨가 넓고 엉뚱하고 괴짜 같은 곱슬머리 남자가 내 옆을 지나갔다. 그 남자한테서는 계피 냄새가 났다. 테디베어 같은 갈색 눈을 지닌 그는 대학의 즉흥극 극단에서 연기를 했다. 그중 제일 괜찮은 배우였고, 동작이 컸고, 다정하고 엉뚱한 농담을 할 줄 알았으며, 이 차갑고 가혹한 세상에 웃음의 잔물결을 일으킬 수 있는 사람이었다. 나는 객석에 앉아 경탄하고는 했다. 그는 현실에 존재할 수 없는 사람 같았다.

몇 년이 걸렸다. 그 시간 동안 공통의 친구들을 통해 그와 천천히 친구가 되고, 늦은 밤에 하는 그의 프리스타일랩 라디오쇼에 전화를 걸어 용기를 내 어설프게 즉흥으로 라임을 맞춰보는 시도도 했다. 심지어는 그 즉흥극 극단에도 들어갔다. 그리고 마침내 어느 밤 그에게 내 마음을 전했다. 나는 그 옛날 복도의 남자아이들이 내 머릿속에 주입한 바대로 그가 움찔하며 나를 피할 거라 예상했지만, 그는 내게 입을 맞췄다.

대학을 졸업한 뒤 우리는 브루클린에 있는 침실 하나와 빨간 포마이카 테이블과 멋진 현관 계단이 있는 작은 아파트로 이사해 함께 살기 시작했다. 나는 용케도 과학과 경이만을 다루는 라디오 프로그램 제작을 돕는 일자리를 얻었다. 그는 코미디—스탠드업 코미디, 즉흥 코미디, 코미디 각본 쓰기—를 계속했고, 생계를 유지하기 위해 택시 운전사로도 일했다. 우리는 밤이 늦도록 자지 않고 현관 계단에서 맥주를 홀짝거리며 낮에 있었던 일들을 이야기하고, 어색한 순간들과 실수들을 농담 소재로 삼았다. 내게는 절대 존재하지 않으리라 생각했던 것, 바로 안식처를 찾은 느낌이었다. 그 안식처에서는 계피 냄새가 났고, 어설픈 언어유희와 서투른 라임으로 만들어진 안식처의 벽은 점점 더 높이 쌓여 올라가 세상의 냉기를 막아주었다. 내 머리에는 미래에 대한 비전들이 가득 들어찼다. 우리가 쓸 텔레비전 방송 프로그램, 우리가 지을 나무 위의 집, 마당에서 우리의 아이들과 술래잡기를 할 때 발가락 사이를 비집고 들어올 잔디의 느낌 등. 7년째 접어들어 내가 그 모든 걸 무너뜨리기 전까지는.

어느 늦은 밤, 그에게서 800킬로미터 떨어진 어느 해변에서, 달빛과 적포도주와 모닥불 냄새에 취해 있던 나는, 그날 내내 눈길을 주지 않으려 노력했던 통통 튀는 금발 소녀에게 손을 뻗었다. 수영을 한 터라 그녀의 몸은 젖어 있었다. 소녀의 몸에는 수백 개의 소름이 돋아 있었고, 나는 그 소름들을 내 혀로 눌러 가라앉혀주고 싶었다. 내가 그녀의 허리에 손을 얹고 입술을 목에 대자 소녀는 미소를 지었다. 별들이 우리를 에워쌌다. 소녀의 몸에서 나는 김이 내 몸에서 나는 김이 되었다. 곱슬머리 남자에게 내가 무슨 짓을 했는지 말했을 때 그는 이제 끝났다고 말했다.

하지만 나는 그의 말을 믿지 않았다. 우리가 수년간 지어온 이 정교한 안식처를 내가 그렇게 순식간에 망쳐놓았다는 사실을. 다시 생각해달라고 애원했다. 그 소녀의 일은 일시적인 착오, 실수였다고, 다시는 절대 그런 일이 없을 거라고 말했다. 하지만 그의 분노와 상처는 너무 깊었다. 그는 신성한 무언가를 당연한 것으로 여기는 사람과는 함께하고 싶지 않다고 했다. 그가 없어지자 세상이 어두워졌다. 우리의 친구들은 내가 한 짓을 알고 내게서 멀어졌다. 나는 내게 무슨 일이 있었던 건지 설명하고 싶지 않아 가족도 피했다. 한때 그토록 환희를 느끼며 해온 나의 일, 과학 이야기도 밋밋하게 느껴졌다. 그건 모든 게 얼마나 무의미한지를 증명하는, 화학과 생물학, 신경학 등 다양한 학문에서 나온 증거들일 뿐이었다.

서서히 그 거대한 유혹이 다시 나의 뇌에 나타나기 시작했다. 총신銃身이 가장 영예로운 선물, 해방이라는 선물을 제안하며 손짓을 보내왔다.

그러나 내 안 깊은 어딘가에서—결국 거기 있었던 굳센 정신력이었을까? 아니면 망상에 빠진 뇌의 한 귀퉁이인가?—나는 다른 계획을 생각해냈다. 만약 내가 충분히 열심히, 충분히 오래 뉘우친다면 그 곱슬머리 남자도 마침내 내가 얼마나 미안해하는지 알아주고 나를 다시 받아줄지도 모른다고. 그래서 나는 나의 무기, 그러니까 펜 한 자루를 집어 들었다. 나는 그에게 편지를 쓰고 또 쓰고, 기다리고, 기대했다. 우리 사이에 통하던 시시한 농담도 때때로 던졌다. 2012년의 첫날에는 "행복한 2012년!"이라는 이메일을 보냈다. 반응이 없었다. 내가 걱정하지 않으려고 애쓰는 동안 1년이 2년이 되고, 2년이 3년이 됐다. 나의 희망을 꺾는 침묵이 점점 더 강력하게 내 귓가를 울려대는 동안, 열역학 제2법칙은 그 가늠할 수 없는 꼬리를 휘두르고 있었다. 나는 믿음을 버리지 않으려 애썼다.

그리고 그것이, *바로 그것이* 데이비드 스타 조던이 내 주의를 끌었던 이유다. 결코 승리하지 못할 거라는 그 모든 경고에도 불구하고, 그로 하여금 혼돈을 향해 계속 바늘을 찔러 넣도록 한 것이 무엇인지 알고 싶었다. 그가 우연히 어떤 비법을, 무정한 세상에서 희망을 찾을 수 있는 어떤 처방을 발견한 게 아닐까 궁금했다. 게다가 그는 과학자였으므로, 나는 무엇이든 끈질기게 지속하는 일에 대한 그의 정당화가 내 아버지가 심어준 세계관에도 들어맞을 수 있을 거라는 작은 가능성을 꽉 붙잡고 놓지 않았다. 어쩌면 그는 무언가 핵심적인 비결을 찾아냈을지도 몰랐다. 아무 약속도 존재하지 않는 세계에서 희망을 품는 비결, 가장 암울한 날에도 계속 앞으로 나아가는 비결, 신앙 없이도 믿음을 갖는 비결 말이다.

⁎ ⁎ ⁎

그러나 페니키스 섬에서 데이비드가 한 경험을 읽고 나자 걱정스러워지기 시작했다. 암울한 시간에 그의 도전 의지를 밝혀준 것이 신이었다면, 내가 그에게서 배울 것은 없었다.

내가 실마리를 발견한 것은 그가 다윈을 만났을 때다. 페니키스 섬을 떠난 뒤 데이비드는 위스콘신주 애플턴에 있는 작은 인문계 고등학교에 과학 교사로 취직했다.[4] 데이비드의 유년기에는 그저 속삭임에 지나지 않던 다윈의 사상은 이제 진지한 과학자라면 누구나 달려들어 해결을 봐야만 하는 강풍이 되어 있었다. 《종의 기원》에는 지구상의 모든 생명이 "한 가지 시원始原 형태"에서 진화해왔다든지, 인간은 여전히 진화하는 중이며 심지어 언젠가는 멸종할 수도 있다든지 하는 온갖 종류의 이단적인 내용들로 가득했다.[5] 그러나 분류학자로서 가장 받아들이기 어려웠던 것은 아마도 종들이 그 본성상 변경할 수 없이 확고한 범주가 아니라는 생각이었을 것이다. 다윈은 전통적으로 하나의 종으로 여겨온 생물들에게서 너무 많은 다양성을 목격했고, 그 결과 종들 사이에는 넘을 수 없는 확실한 경계선이 존재한다는 생각이 서서히 지워졌다. 그는 심지어 그중 가장 성스러운 경계선, 그러니까 다른 종끼리는 번식능력이 있는 자손을 만들 수 없다는 가정도 헛소리라는 것을 알아냈다.

다윈은 이렇게 썼다. "이종교배한 종들은 무조건 생식능력이 없다고도, 불임성은 창조주가 부여한 특별한 자질이자 창조의 신호라고도 주장할 수 없다."[6] 이윽고 다윈은 종이, 그리고 사실상 분류학자들이 본질적으로 불변의 것이라 믿었던 그 모든 복잡한 분류 단계(속, 과, 목, 강 등)가 인간의 발명품일 뿐이라고 선언하기에 이르렀다. 끊임없이 진행되는 진화의 흐름 주위에 인간이 우리 '편리'하자고 유용하지만 자의적인 선들을 그었다는 것이다.[7] 그는 "나투라 논 파싯 살툼Natura non facit saltum"(자연은 비약하지 않는다)[8]이라고 썼다. 다윈에 따르면 자연에는 가장자리도, 불변의 경계선도 없다.

만약 당신이 분류학자라면 이게 얼마나 심란한 생각일지 상상해보라. 당신이 손에 들고 있는 대상이 알고 보니 퍼즐 조각도 실마리도 아닌 무작위성의 산물이었다는 사실을 알게 된 것이다. 그것들은 신성한 텍스트의 페이지도, 성스러운 암호를 이루는 상징도, 신성한 사다리의 가름대도 아니었다. 움직이고 있는 혼돈의 모습을 담은 스냅사진에 불과했다. 어떤 이들에게 그 생각은 너무나 괘

씸한 것이었다. 그 생각은 지구를 너무 황량한 것으로 느껴지게 하고, 자신들의 추구를 무의미한 것으로 만들었다. 루이 아가시는 죽는 날까지 요지부동으로 다윈의 생각에 반대했다. 그는 그 주제에 관해 강연을 하며 여기저기 돌아다녔고, 그때마다 인간이 원숭이로부터 진화했을 수도 있다는 것은 "역겨운" 생각이라고 말했다.

그러나 더 젊은 세대에 속하고 아직 유연한 정신을 지니고 있던 데이비드 스타 조던은 고통스러웠지만 결국 이 점에 대해서만은 '스승'과 의견을 달리하기로 했다. 자연을 더 가까이 들여다볼수록 다윈이 관찰한 대로 종들 사이의 영역은 불확실한 회색 지대라는 사실을 부인하기 힘들었고, 내키지 않았지만 그 자신도 회색 지대를 알아보기 시작했기 때문이다. 데이비드는 이렇게 썼다. "나는 아이에게 꼬리를 붙들려 카펫 위로 '끌려가는' 고양이처럼 우아하게 진화론자들의 진영으로 넘어갔다!"[9]

아, 이 문장 때문에 내가 그를 얼마나 흠모하게 되었던가. 이 문장을 본 나는 두 팔로 그를 안고 볼에 입을 맞춰주고 싶었다. 정신을 아득하게 하는 진화의 진실을 받아들이고 계속 전진할 길을 찾은 그가 참 용감하다고, 아주 잘했다고 말해주고 싶었다.

물론 이는 그를 계속 나의 안내자로 삼을 수 있다는 의미였다. 또한 바늘을 칼처럼 휘두르는 그가 뻔뻔스럽게 보일 수도 있지만, 그래도 이성의 자리에서 움직이는 사람이라는 증거이기도 했다. 또한 부인이 반드시 굴욕으로 이어지는 길은 아니라는 의미였다. 어쩌면, 혹시 어쩌면, 그의 발자국을 따라가다 보면 나도 언젠가 희미한 빛을 발하는 삶으로 되돌아가는 길을 찾을 수 있을지도 모른다는 의미.

4.

꼬리를 좇다

이제, 음악 몽타주가 시작된다. 경쾌한 뱃노래를 깔고, 데이비드 스타 조던의 소매를 걷어붙인 다음, 그를 거대한 범선의 갑판 위 중산모를 쓴 십여 명의 남자들 곁에 세우고, 물에서 물고기, 물고기, 더 많은 물고기를 건져 올리게 해줄 낚싯대와 트롤망, 심지어 삼지창으로 그들을 무장시키자.

아가시에게 수집을 진지하게 해보라는 축복과 지지를 받은 데이비드는 페니키스 섬을 떠나 물이 있는 곳을 목표로 삼았다. 그는 이렇게 썼다. "어류학 문헌은 부정확하고 불완전"하며 "비교연구가 너무 적어서 활짝 열려 있는 분야로 보였고, 실제로도 그랬다."[1] 중서부 전역에서 이 학교 저 학교로 교사 자리를 옮겨 다니는 동안 그는 북미의 모든 담수어를 발견하겠다는 목표를 세웠다.[2] 그리고 코넬대학 시절 함께 분류학을 공부한 옛 친구 허버트 코플랜드에게 도움을 청했다. 그는 덥수룩한 갈색 수염을 기른 근육질 남자로, 두 사람은 인디애나폴리스에 있는 싸구려 하숙집을 숙소로 정했다.[3]

나는 이 숙소의 화장실에 《자연의 체계》 몇 권이 어질러져 있는 장면을 그려본다. 하지만 실제로 그 숙소에 화장실이 있었는지는 알 수 없다. 아직은, 특히 인디애나처럼 외딴 지역에는 수도 시설이 제대로 갖춰진 곳이 드물던 시절이었다.

그들은 물 위로, 강으로, 호수로 나가 다양한 표본들을 낚아 올렸다. 수염이 있는 것도 있고, 송곳니가 있는 것도 있었으며, 대부분은 연못에 떠 있는 녹색 조류들과 피클을 섞어놓은 듯한 냄새가 났다. 그들은 차츰 분류학 연구 논문을 출판하기 시작해 종들 사이의 새로운 관계를 밝혀내는 한편, 쓸데없이 중복되는 분류—예컨대 데이비드의 주장에 따르면, 메기의 한 종인 *익타루러스 풍타투스Ictalurus punctatus*(루이지애나 얼룩메기)는 "스물여덟 번이나 새로운 종으로 소개되었다"[4]—는 정리했다.

시간이 지나면서 정부에도 이 서부의 더벅머리 물고기 중독자의 존재가 알려졌다. 그들은 데이비드에게 일종의 용병으로 일해달라고 부탁했고, 여름휴가 동안 그를 파견해 미국에 남아 있는 미지의 어류들을 밝혀내게 했다. 그는 텍사스로, 미시시피로, 아이오와로, 조지아로, 테네시로 갔다. 모두 새로운 어류 종들을 찾아내 미국이 그것들을 발견했다는 깃발을 꽂기 위함이었다.

1880년에는 (미국 인구조사의 일부로) 태평양 연안에 사는 어류 종들의 목록을 만드는 임무를 맡고 파견되었다.[5] 그는 자기가 가장 총애하는 학생인 찰리 길버트라는 "총명한 청년"을 데리고 갔다. 그들은 샌디에이고에서 출발하여 해안선을 따라 올라가며 미국의 물고기 주민들을 찾아다녔다. 데이비드는 파도 사이에서 끌어올린 "기름기 반질반질한 보물들"에 감탄했다. "무게가 270킬로그램에 육박하는" 펄쩍펄쩍 뛰는 거대한 참치와, "기다란 리본 같은 가슴지느러미가 있는" 날개다랑어, "잠자리"처럼 "날개"

를 파닥거리며 "200미터가 넘는" 거리를 날아간 캘리포니아 날치에 관해서도 썼다. 데이비드와 찰리는 천천히, 매일, 조금씩 이동하며 그 물고기들, 아직 정체가 밝혀지지 않은 존재들을 찾아 나섰다. 과학적 기록에는 이름이나 흔적이 남아 있지 않은 물고기들이었다. 빛을 발하는 점들이 있는, 샛비늘칫과의 작은 물고기 하나가 "폭풍이 불 때 깊은 곳에서 솟아올랐다."[6] 어느 날개다랑어의 뱃속에서는 민대구 한 마리가 발견됐고, 이 민대구의 뱃속에서는 무지갯빛 비늘을 지닌 작은 물고기 하나가 발견됐다. 화사한 진홍색 바탕에 노란 줄무늬가 있는 물고기에게 그들은 "스페인 국기"라는 별명을 붙여주었다.[7]

그들은 여러 달 동안 그 일을 계속했다. 크리스마스는 샌디에이고에서 보내고, 음력설은 샌타바버라에서 보냈다. 3월에는 몬터레이 반도를 샅샅이 뒤지고 있었다.

그런데 데이비드가 아무리 어류에 집중하려 노력해도 그의 눈은 계속 식물 쪽으로 향했다. 지나는 길에 보이는 나무들의 학명을 *쿠프레수스 마크로카르파Cupressus macrocarpa*(몬터레이 사이프러스), *피누스 라디에타Pinus radiata*(라디에타 소나무) 하는 식으로 하나하나 언급하고 싶은 유혹을 뿌리칠 수가 없었다. 게다가 눈에 보이는 거의 모든 생물에 등급을 매기는 집착도 생겨났다. 이를테면 율라칸eulachon(캔들피시)은 "모든 물고기 중 가장 맛있는 물고기"[8]이고, 은단풍나무는 "이등급 그늘나무"[9]라고 했다. 또 먹장어는 점액으로 덮여 있고 생명을 유지하는 방식이 같은 강에 속한 물고기 중 최악—먹이를 덮쳐 속부터 파먹는다—이라, "나쁜 버릇"이 있는 "해적"[10]이라 불렀다.

늘 자신의 선지자로 모시던 루이 아가시의 제자답게 데이비드는 자신이 관찰하는 생물에게서 도덕적 교훈을 찾으려 했다. 아가시의 흐릿한 "퇴화" 개념에 다윈의 진화론을 함께 버무린 것을 가지고 한 걸음 더 나아갔다. 그는 미끌미끌한 먹장어를 나태함이나 기생충 같은 "나쁜 버릇"이 한 종을 퇴보 또는 타락시키거나, "더 나쁜 쪽으로 변화시킬" 수 있다는 증거로 보았다.[11] 한 과학 논문에서 그는 한자리에 뿌리를 내리고 주머니 모양의 몸으로 여과섭식을 하는 멍게가 한때는 더 고등한 물고기였지만 "게으름", "무활동과 의존성"이 더해진 결과 현재와 같은 형태로 "강등"된 것이라는 의견을 냈다.[12] 그러한 쇠퇴를 초래하는 정확한 메커니즘은 알지 못했지만, 데이비드에게 멍게는 명백한 경고이자 게으름에 대한 교훈담이고, 말 그대로 멍청하기 짝이 없는 주머니였다.

찰리와 함께 해안을 훑으며 다니는 동안 데이비드는 노련한 낚시꾼들이 먹이를 잡는 방법을 연구했다. 샌디에이고에서 촘촘한 그물로 엄청난 양의 다양한 생물을 훑어 올리는 중국인 어부들,[13] 샌타바버라에서 바위에 올라 하얗게 부서지는 파도 속으로 삼지창을 찔러 넣는 포르투갈 어부들,[14] 그리고 너무 부럽게도 정확하게 물속으로 돌진하는 갈매기와 펠리컨까지. 그는 자기가 채택할 수 있는 방법은 채택하고, 채택할 수 없는 것은 훔쳤다. 중국인 수산시장을 찾아 아직 과학에 알려지지 않은 생물들을 쓸어왔고, 새와 상어의 배를 갈라 자신의 손에 잡히지 않은 생물들을 찾아냈다. 데이비드와 찰리는 이 출장에서만 *80가지*가 넘는 새로운 어류 종에 이름을 붙였다.[15] 생명의 나무에서 80개의 새로운 가지가 베일을 벗었다. 의지가 서린 노력에 의해, 그들의 혀에서 굴러

나온 라틴어 단어들에 의해 80개의 새로운 종이 이제 막 세상에 드러났다. *뮉토품 크레눌라레Myctophum crenulare*, *수디스 링겐스Sudis ringens*, *세바스틱튀스 루브리빙투스Sebastichthys rubrivinctus* 등.

여덟 달 후 데이비드는 인디애나주로 돌아갔다. 이번에는 마침내 인디애나대학의 종신교수가 되어 블루밍턴으로 간 것이다. 또한 한때는 종신교수가 되는 것보다 더 어려워 보였던 일도 바로 이 무렵에 이뤄냈다. 결혼을 한 것이다! 상대는 페니키스 섬에서 만난 그 적갈색 머리의 식물학자, 수전 보웬이었다. 데이비드는 수전에게 매사추세츠주의 푸른 버크셔 산지에 있는 고향 집을 떠나 인디애나주에서 자신과 함께하자고 설득했다.

수전은 인디애나로 갈 때 어느 정도 두려움을 안고 있었다. 인디애나는 수전에게 서부의 황무지처럼 느껴졌다. 발전도 뒤처진 데다 가족들과도 멀리 떨어져 지내야 했고, 심지어 위험한 곳일지도 몰랐다. 하지만 수전은 데이비드를 사랑했고, 그가 세상을 사랑하는 방식을 사랑했다.

결혼하고 얼마 지나지 않아 그들에게는 이디스라는 아기가 하나 생겼고, 이어서 해럴드, 또 이어서 소라라는 아기가 생겼다. 인디애나대학에서 학생들을 가르친 지 겨우 6년이 지나 서른네 살이 됐을 때 데이비드는 학장을 맡아달라는 요청을 받았다. 그는 그 요청을 받아들여 전국에서 가장 젊은 대학 학장이 되었다.[16] 그의 콧수염—콧구멍 아래에서 코끼리의 엄니처럼 두 갈래로 뻗은 남성적인 콧수염—이 자리를 잡은 것도 이 무렵이었다.

물론 이는 그냥 내 추측일 뿐이다. 하지만 그동안 세상에서 전혀 눈에 띄지 않던 남자가, 그가 추구하는 것들 때문에 조롱을 당하고 때로는 괴롭힘까지 당하던 남자가 같은 세상에서 어떻게 그렇게 빨리 승격된 것일까? 나는 온순하고 음울하며, 먼지를 뒤집어쓴 것처럼 창백한 이 남자가 아무에게도 눈에 띄지 않은 채 미끄러지듯 슬그머니 지나다니다가, 어느새 어떤 목적의 빛으로, 공기로, 빛나는 물질로, 뭐가 되었든 아무튼 그 목적으로 서서히 차오르는 모습을 그려보았다. 목적이 한 사람의 인생을 바꿔놓았다.

그건 그렇고, 데이비드는 다윈이 신을 없애버리기는 했지만, 자신의 추구는 여전히 고귀한 일이라 여겼다. 그는 자연의 사다리의 형태, 그러니까 모든 동물들과 식물들이 서로 어떻게 연결되어 있고 지위가 정해져 있는지를 드러내줄 가장 높은 청사진에 대한 추적을 계속 이어갔다. 다만 이제는 그 질서를 만드는 것이 신이 아니라 시간이라고 믿는 점만 다를 뿐이었다. 그 청사진은 여전히 가장 결정적이고 많은 것을 알려줄 비밀들을 품고 있을 터였다. 데이비드는 물고기의 해부학적 구조를 상세히 들여다보는 것은 우리의 진짜 창조 이야기, 인간을 만드는 데 어떤 생명의 실험들이 필요한지를 알아내기 위한 일이라고 생각했다. 그러니까 그가 하는 일은 다른 생물들의 우연한 실수와 성공들 속에 쓰여 있는, 잠재적으로 인류가 더욱더 진보하도록 도와줄 실마리들을 찾는 것이었다. 이는 키를 잡고 있는 창조주의 존재가 없다는 점만 제외하면 아가시의 사명과도 그리 다르지 않았다.

데이비드는 전진하고 있었다. 그가 한데 모은, 안경을 낀 건장한 분류학자들의 무리는 미처 다 이름을 붙이기도 버거울 만큼 빠른 속도로 물고기들을 발견해나갔다. 그들은 에탄올 유리단지에 물고기들을 퐁당퐁당 담그고, 과학관 제일 위층에 있는 데이비드의 한적한 실험실에 있는 선반에 차곡차곡 쌓았다. 수천 마리의 정체를 알 수 없는 피조물들이 점점 더 높이 쌓여가며 자신들의 성스러운 명명 의식을 기다리고 있었다.

그러던 7월의 어느 늦은 밤, 우주가 손목 관절을 우두둑 꺾으며 공기 중에 숨어 있던 이온들의 작은 주머니들을 터뜨리고, 벼락으로 전신선을 때려 데이비드의 연구실 아래층 사무실로 불꽃을 날렸다. 1883년의 일이었다. 천천히 종이 몇 장에 불이 붙었다. 그리고 이어서 더 많은 종이들에 붙었고, 그다음에는 벽들에도 붙었다. 그러다 마침내 불길이 혀를 날름거리며 데이비드의 소중한 유리단지들이 쌓여 있는 선반으로 다가갔다. 에탄올은 부패시키려는 우주의 시도를 저지하는 능력도 탁월했지만, 불과도 친한 사이였다. 그 유리단지들은 작은 폭탄들처럼 폭발했다. 물고기들은 증발했다. 동정同定되지 않은 생물들은 재가 되었고, 아마 다시는 찾을 수 없을 것이다. 모든 표본이 하나도 남김없이 소실되었다.

그게 다가 아니었다. 여러 해에 걸쳐서 데이비드는 비밀스러운 문서를 준비하고 있었다. 생명의 나무에서 전에는 한 번도 본 적 없는 가지들을 밝혀내는 일종의 보물지도였다. 통찰과 진화적 관계를 천명하는 정신없이 복잡한 선들로 이루어진 거대한 샹들리에 모양의 지도. 이것이 완전히 불타 없어졌다. 피해의 규모를 평가하는 일을 맡은 기자는 비탄을 억누르기가 힘들었다. 기자는 《블루밍턴 텔레폰Bloomington Telephone》지에 "한 시간 동안 타오른 불길이 그가 평생 해온 일을 거의 다 수포로 돌려놓았다"라고 썼다.[17]

하지만 데이비드 스타 조던은 이런 재해를 겪고도 멈추기를 거부했다. 자신이 잃은 것들을 되찾기 위해 재를 털고 곧바로 다시 물이 있는 곳들을 찾아갔다. 그는 자기가 얼마나 많은 시간을 허비했는가 하는 생각을 붙잡고 있지 않았다. 자신이 하려는 일, 그러니까 혼돈이 지배하는 세계에서 질서를 만들려는 일이 거의 불가능해 보인다는 점도 고려하지 않았다. 그는 이 시련 전체에서 얻은 교훈은 딱 하나라고 주장했다. 그게 뭐였을까? 겸손을 유지하라는 것? 이를테면 북미의 모든 담수어를 발견하겠다는 목표보다 좀 더 현실적인 목표를 세우라는 것이었을까? 그는 "당장 출판하라는 것"이라고 썼다.[18] 아, 더 세게 밀어붙이라는 말이었구나.

그는 자기 개인의 삶에 비극이 닥쳤을 때도 비슷하게 반응했다. 그로부터 겨우 2년 뒤 11월 어느 날, 그의 아내 수전이 기침을 하며 몸져누웠다. 열로 인해 솟은 땀이 적갈색 머리카락을 축축하게 적셨다. 그리고 며칠 뒤 숨을 거두었다. 그들의 딸 이디스의 설명에 따르면 "시골 의사들이 치료하지 못한" 폐렴에 살해당한 것이었다.[19]

이번에도 데이비드는 신속하게 움직였다. 그는 수전의 관 위에 드리울 호화로운 국화 장식을 주문했다. 또한 유창한 추도사를 통해 아내와 공유했던 분류학에 대한 사랑과, "바닷물이 그 속에 포함된 미세한 동물들 때문에 별처럼 반짝이던" 페니키스 해변에서 함께한 밤 산책을 추억했다.[20] 어쩌면 그는 수전도 이런 추도사를 바랐을 거라고, 수전의 죽음은 질서를 찾으려는 그들의 가치 있는 사명 중에 맞이한 불행한 피해였다고 확신했을지도 모른다.

그런 다음에는, 물고기들을 잃었을 때와 마찬가지로 이번에도 자신이 잃은 것을 되찾기 위해 미국의 황야로 다시 나갔다. 수전이 죽은 지 2년이 채 지나지 않아 그는 새 아내를 얻었다. 제시 나이트라는 대학교 2학년생으로, 여러 면에서 데이비드에게는 한층 업그레이드된 아내였다. 수전이 데이비드가 출장 다니는 것을 한탄하며 외롭다는 글을 쓰고,[21] 그가 너무 많은 시간을 가족과 떨어져 보내는 것에 불만을 드러냈던 반면, 제시는 그냥 자기도 함께 가도 되냐고 물었다. 제시는 젊고 기운이 넘쳤으며 짙은 눈동자로 데이비드를 매혹했다. 그가 "흑요석처럼 검다"고 묘사한 제시의 눈을 들여다볼 때면 데이비드는 제시의 유전적 과거 속에서 배회하는 먼 옛날의 누군가를 더듬어 찾았다. "스페인…에서 온 방랑자"일까? "마법"을 하는 사람? "플라시다 부인Doña Plácida?"[22] 유전은 그가 세상을 비춰보는 렌즈가 되어 있었다. 이는 정확히 그가 자신의 물고기들에게서 밝혀내려고 애쓰던 것—특징들이 어떻게 대물림되는지, 특정한 물리적 속성들이 진화적 관계에 관한 실마리들을 어떻게 드러내주는지—이었는데, 사람들에게 눈을 돌렸을 때도 그러한 충동을 떨쳐내지 못했던 것 같다.

18세의 제시는 블루밍턴에 도착하자마자 데이비드의 첫째와 둘째 아이를 기숙학교로 보냈다. 당시 10살이던 이디스는 이 행동이 계모에 대한 반감을 영원히 강철처럼 굳히게 만들었다고 말했다. 생애가 끝나갈 무렵 수기로 쓴 회고록에 이디스는 이렇게 적었다. "그때 나는 내가 그 여자를 결코 어머니라 부르지 않을 것임을 알았다."[23] 아직 아기였던 소라는 제시가 신경 쓸 필요가 없었다. 수전이 사망하고 난 뒤 얼마 지나지 않아 소라도 병명을 알 수 없는 병으로 세상을 떠났기 때문이다.

집안에 신경 쓸 아이가 없어지자 제시는 데이비드의 수집 원정에 자유롭게 동행할 수 있었다. 사진을 보면 보닛모자에 안경을 쓴 제시가 수줍게 미소 짓고 있다. 데이비드의 글을 보면 그가 낚시를 하는 동안 근처 나무 아래 기대앉아 책을 읽는 제시의 모습을 발견할 수 있다. 그는 회고록에서 이렇게 고백했다. "그녀의 동행이 나에게 어떤 의미였는지에 대해서는 넌지시 암시만 해도 충분할 것이다."[24]

* * *

벼락 사고와 수전의 죽음 두 가지 일에서 재빨리 회복한 것에 대해 데이비드는 살면서 언제부턴가 "낙천성의 방패"를 갖추게 된 것 같다는 말로 설명했다.[25] 그는 자신의 키가 낙천성과 어떤 관계가 있는 것 같다고도 추측했다. 완전히 자랐을 때 그의 키는 188센티미터로,[26] 미국 남성 평균 키가 167.6센티미터였던 당시로서는 엄청나게 큰 키였다. 무엇 때문에 생긴 낙천성이든 간에, 데이비드의 친구들도 그의 낙천성의 방패에 대해, 일에 차질이 생겨도 전혀 동요하지 않는 성질에 대해 언급하곤 했다. 한 동료는 아무리 안 좋은 날에도 언제나 "노래를 흥얼거리며 회랑을 거니는" 데이비드를 발견할 수 있었다고 회고했다.[27]

"나는 이미 지나간 불운에 대해서는 절대 근심하지 않는다"라고 데이비드는 설명한다.[28] 그의 어조에서 어깨를 으쓱하는 느낌이 배어난다.

시간이 지나면서 허리띠에 과학적 발견의 표시를 수백 개나 새겨 넣은 이 쾌활하고 혈기 왕성한 거구 데이비드 스타 조던에 관한 이야기가 캘리포니아의 한 부유한 부부의 귀에 들어갔다. 이 부부의 이름은 릴런드 스탠퍼드와 제인 스탠퍼드로, 1890년 어느 날 이 부부는 블루밍턴까지 몸소 찾아와 자신들이 팰러앨토의 농지에 실험적으로 세운 작은 학교의 초대 학장이 되어줄 수 있겠냐고 물었다. 데이비드는 그 제안에 따르는 넉넉한 봉급, 눈부신 기후, 태평양의 기름진 보물들과 다시 만날 수 있다는 전망에 구미가 당겼다. 그를 주저하게 만든 유일한 요소는 스탠퍼드 부부였다. 릴런드 스탠퍼드는 악덕 자본가로 널리 알려진 공화당 상원의원이었다. 그의 아내 제인은 정규교육은 거의 받지 못했으며, 죽은 아들과 만나려고 영매들을 찾아다니는 걸 좋아했다. 그들의 제안을 받아들인다면, 도덕적으로도 지적으로도 자신보다 열등해 보이는 일개 시민의 변덕에 놀아나는 놈팡이나 노리개처럼 느껴질 것 같았다. 그렇지만… 그 봉급에 그 날씨라면….

결국 그는 1891년 스탠퍼드대학의 초대 학장으로 취임했다. 그의 나이 갓 마흔 살이 되었을 때다.

* * *

일단 팰러앨토에 도착하자, 스탠퍼드 부부가 수상하게 벌어들인 재산을 자신이 원하는 대로 쓸 수 있도록 그들을 설득하는 것은 데이비드에게 전혀 어려운 일이 아니었다. 그는 즉시 몬터레이 반도 끄트머리에 홉킨스 해변 연구소라는 화려한 해양 연구 시설을 새로 만들었다. 아가시의 페니키스 여름 캠프를 모델로 하여 직접 관찰을 중심으로 연구하는 곳이었다. 거기에는 벽보다도 창이 더 많았고, 파이프를 통해 바다를 곧바로 교실로 끌어들였다.[29] 그는 자기 친구들과 예전 제자들 한 무리를 채용해 스탠퍼드의 과학부를 채웠다. “총명한 청년”이었던 찰리 길버트는 “훌륭한” 분류학자가 되어 있었고,[30] 데이비드는 그를 인디애나에서 데려와 동물학 과장으로 임명했다. 데이비드는 또한 인디애나에 있던 자신의 다량의 어류 컬렉션도 실어 왔고—기차가 눈 덮인 산들 사이로 달리는 동안 달그락거리는 유리단지들 안에서 물고기의 눈알들이 굴러다녔다—그것들이 도착하자 스탠퍼드 캠퍼스에서 가장 위압적인 건물 하나를 그 물고기들을 보관할 장소로 정했다. 사암으로 된 견고하고 거대한 건물로, 전면에 줄지어 늘어선 아치들과 활기찬 색깔의 진흙 기와를 얹은 내연 지붕으로 이루어져 있었다. 외부 전면의 주 출입구 위에는 대리석으로 된 조각상이 하나 있었다. 덥수룩하게 구레나룻을 기르고 몸통이 술통처럼 크고 둥글며, 손에는 책 한 권을 쥐고 있는 유명한 박물학자의 조각상. 누군지 짐작이 가시는지? 당연히 루이 아가시다.

이 조각상을 세우는 건 사실 스탠퍼드 부부의 아이디어였지만(그들은 교육자로서 아가시를 오랫동안 존경해왔다) 데이비드도 매우 기뻐했다. 그 조각상의 제작을 의뢰하던 당시 아가시의 이미지가 순수한 것과는 전혀 거리가 멀다는 사실도 데이비드에게는 아무런 문제가 안 되었던 것 같다. 아가시는 진화론을 받아들이지 못했을 뿐 아니라(그 시점에 이는 과학적으로 바보라는 표시였다), 자연에 위계가 있다는 믿음을 동력으로 과학사에서 가장 큰 혐오를 담고 있고 가장 파괴적인 오류 중 하나를 주창했다. 아가시는 죽는 날까지 미국에서 다원발생설(각 인종들은 서로 다른 종이며, 특히 흑인은 인류보다 낮은 종이라는 믿음)을 가장 극렬히 옹호한 이들 중 하나였다. 그는 폭넓은 대상들을 향해 이 주제에 관해 강연을 하고 다녔다. 예를 들어 남북전쟁 당시 링컨 행정부가 조언을 구했을 때는, 만약 흑인을 해방시키더라도 백인과는 결코 평화롭게 살 수 없을 것이므로 백인들과 분리해야 한다는 의견을 제시했다. 또한 말도 안 되는 척도들과 상상 속에만 존재하는 등급을 거론하며, 흑인들이 생물학적으로 문명에 "부적합"하다고 주장했다. 하지만 그건 그들의 잘못은 아니며, 그냥 본성상 너무 "아이들 같고", "관능적이며", "놀기를 좋아하는" 것뿐이라고 했다.[31] 성스러운 생명의 사다리에서 너무 낮은 칸에 자리하고 있을 뿐이라는 것이었다.

하지만 이런 사실 중 어느 것도 데이비드의 마음에는 걸리지 않았던 모양이다. 그는 자신의 과학관 입구에 아가시의 조각상을 올리는 일에 환호했다. 그는 아가시가 다윈을 거부한 것을 용서했으며, 그 이유는 "[아가시가] 우리에게 우리 스스로 사고하는 법을 가르쳐주었기" 때문이라고 정당화했다.[32] 데이비드는 자신의 정신이 '어떤 인간들은 생물학적으로 열등하다는 생각에 오염되었을지도 모른다'는 걱정도 하지 않았던 것 같다. 그는 형 루퍼스를 따라 공공연히 자신을 노예제 폐지론자로 밝혀왔고, 어쩌면 그것만으로도 자신에게는 그런 생각이 영향을 미칠 수 없을 거라 여겼는지도 모른다.

* * *

데이비드와 제시는 과학관 건물에서 그리 멀지 않은 곳에 있는 작은 돌집으로 이사했고, 그곳을 은신처라는 뜻의 스페인어 '에

스콘디테Escondite'라고 불렀다.[33] 그 집은 유칼립투스 나무가 빽빽한 숲을 이룬 아래에 아늑하게 자리 잡고 있었고, 소나무와 박하에 반짝반짝 맺힌 연무 속에서 그들은 자기들만의 사적인 에덴동산을 만들어가기 시작했다.[34] 데이비드는 거기에 무화과나무와 레몬나무, 피라칸타 관목, 선인장, 사과나무, 양귀비, 호박과 다양한 열대의 꽃들을 섞어 심었다. "이것들이 자라 결국에는 매우 복잡하고, 조화롭지는 않아도 기분 좋은 정글"이 되어주었고, 거기에는 "지구의 거의 모든 지역에서" 온 표본들이 갖춰져 있었다.[35] 그는 또 밥이라는 이름의 원숭이 한 마리와 앵무새 두 마리(하나는 스페인어로, 다른 하나는 라틴어로 말했다), 야옹야옹 울어대는 새끼 고양이 한 무리, 목살이 늘어진 그레이트 데인 개 한 마리를 들였다. 데이비드에 따르면, 여러 조건이 맞아떨어지고 침착한 상태에서 고삐를 다룰 수 있을 때면 원숭이가 개를 마치 말처럼 타고 돌아다녔다고 한다. 시간이 지나면서 데이비드와 제시는 더 큰 집으로 이사했고, 그들의 사이키델릭한 동물 무리에 두 명의 인간 아이도 추가됐다. 바로 나이트와 바버라였다.

데이비드는 바버라에게 마음을 빼앗겼다. 제시의 흑요석 같은 눈을 그대로 갖고 태어난 바버라를 데이비드는 자신의 "검은 눈의 청교도"라고 불렀고, 시를 읊듯 "나에게 오너라, 와서 진실을 말해주렴/ 그 검은 눈이 어디서부터 네게 왔는지" 하고 질문하곤 했다.[36] 바버라가 자랄수록 데이비드는 바버라 역시 분류학에 대한 열정을 갖고 있음을 발견하고 기뻐했다. 둘은 분류할 벌레나 새나 꽃들을 찾아 캠퍼스를 오랫동안 산책하곤 했다. 바버라가 겨우 일곱 살이던 어느 날, 검은 새 한 마리를 가리키더니 "자발적으로" 여새라고 분류했다.[37] 데이비드는 이를 분류학의 기술에는 분명 유전적 요소가 있다는 증거로 보고, 미래의 과학자인 제자들에게 분류학적 정신의 유전적 특징에 관해 연구할 것을 권고했다(책꽂이에 꽂힌 그 모든 분류학 책들에는 신경 쓰지 마라. 분류학에 대한 관심이 아버지의 마음을 얻는 가장 빠른 방법임이 관찰을 통해 명백히 밝혀졌으니). 데이비드는 회고록에서 모든 자식들 가운데 특히 바버라를 "가장 상냥하고 가장 지혜로우며 가장 어여쁘고 가장 사랑스럽다"고 함으로써 부모가 절대 하지 말아야 할 편애라는 큰 죄를 저지르고 말았다.[38]

스탠퍼드대학에 와서 경제적 제약이 없어지자 데이비드는 꿈에서만 그려볼 수 있었던 장소들, 그리고 어렸을 때는 지도로 그려보기만 했던 장소들로 어류 수집 원정을 떠났다. 그는 사모아로 갔고, 러시아로, 쿠바로, 하와이로, 알바니아, 일본, 한국, 멕시코, 스위스, 그리스 그리고 그 너머까지 갔다.[39]

그의 회고록에서 이 시기를 다루는 소제목으로는 다음과 같은 것들이 있다. "나는 바닥에 도달했다!", "나는 루아우Luau○에 참석했다!"(느낌표는 내가 강조하느라 붙인 것이지만, 이야기에서 이미 강한 기운이 느껴졌다), 그리고 "일본인의 유머", "달 축제", "어느 배에서 떨어진 방울뱀", "다시 파고파고Pago Pago○○로", "상어들 그리고 상어들", "오르막길에 대고 퍼붓는 욕", "뉘우치는 부인", "갈취" 등. 만약 당신이 《한 남자의 나날들》 2권에서 "제시, 그리핀을 만나다"라는

○ 하와이의 전통적인 파티로, 문화 공연이 함께 펼쳐진다.
○○ 아메리칸사모아의 수도.

부분을 펼쳐봤다면, 실제로 그 사모아 여행에서 제시가 만난 것이 그리스 신화에 나오는 독수리 머리의 사자가 아니라 커다란 박쥐였음을 알 수 있을 것이다. 데이비드는 그 박쥐를 자신만만한 어투로 "날아다니는 여우"라고 잘못 동정했다.[40]

이 시기 여행에서 찍은 사진들을 보면 중산모를 쓰고 노 젓는 배에 여럿이 올라타 있거나, 해변에 끌어올린 고래 앞, 난파선 앞, 고산 절벽 앞에서 가슴을 부풀리고 서 있는 시끄러운 남자들의 무리가 보인다. 또 날치, 수면 위로 솟아오르는 고래들, 분출하는 화산 등의 사진도 있다. 그들이 마터호른산을 오를 때 찰리 길버트가 굴러떨어지는 바위에 습격당한 가슴 졸이는 이야기도 담겨 있다.[41] 찰리는 살아남았지만 그야말로 간신히 목숨을 건졌고, 머리에 심한 부상을 입어 가이드가 산 밑까지 부축하고 내려가야 했다. 이 사건은 데이비드가 평생 동안 "두려움"을 느꼈다고 고백한 몇 안 되는 일 중 하나였다.[42]

데이비드와 그 무리는 새로운 곳들을 탐험하는 동안 이상한 물고기들—대리석 무늬의 장어와 전기가오리, 새알고기, 호박돔, 샛비늘치, 해마, 귀상어, 가자미—을 커다란 통에 가득 채웠고, 그것들을 피클처럼 에탄올에 담갔다. 그들은 이름 짓는 창의력도 점점 발달했다. 못생긴 물고기의 이름은 적들의 이름을 따서 짓고, 예쁜 물고기의 이름은 친구들의 이름을 따서 지었다. 자기네 대장에게 경의를 표하는 것도 주저하지 않았다. 하와이 연안에서 건져올린 작은 불꽃처럼 생긴 물고기는 '조던의 실용치'라는 뜻의 *시르힐라브루스 요르다니Cirrhilabrus jordani*라는 이름을 얻었다. 조던의 통돔도, 조던의 참바리도, 조던의 서대도 있었다. *루샤누스 요르다*

니*Lutjanus jordani*, 뮉테로페르카 요르다니*Mycteroperca jordani*, 에옵셋타 요르다니*Eopsetta jordani* 등 이런 게 천 가지 가까이 되었다. 기나긴 인간의 역사에서 오직 데이비드와 그 무리만이 찾아낼 수 있었던 천 가지의 새로운 종들.

데이비드의 꿈과 같은 인생을 가로막은 유일한 존재는 이 모든 일을 가능하게 만든 바로 그 여인이었던 것으로 드러났다. 데이비드가 학장이 된 지 겨우 1년이 지났을 때 릴런드 스탠퍼드가 사망하고, 그 모든 일이 제인의 손에 남겨졌다. 알고 보니 제인은 허세 넘치는 이 어류 수집가의 그리 대단한 팬은 아니었다.[43] 제인은 데이비드가 물고기에 쏟아붓는 엄청난 시간과 돈에 우려를 표했다. 그녀는 스탠퍼드대학이 다른 방향으로 더 확장되기를 원했다. 이를테면 강신론降神論에 대한 과학적 연구 같은 쪽으로 말이다![44] 대기 중에는 X선들이 있고(당시는 X선과 전자와 방사능이 발견되고 있던 19세기 말이었다), 제인은 이런 기술들이 망자들과 접촉하는 일에 돌파구를 만들어주기를 기대했다.

데이비드는 터무니없는 생각이라 여겼다.[45] 그가 좋아하는 여가 활동 중 하나가 영매들의 거짓됨을 폭로하는 것이었고, 단지 그 "사기"가 어떻게 작동하는지 알아보기 위해 샌프란시스코에서 열리는 교령회에 종종 참석했으며,[46] 영매들의 가짜 수염, 감춰둔 철사, 자석, 뿔피리, 풍선 가스를 비롯한 장치들이 "그 눈속임 공연"을 가능하게 만드는 것이라고 지적했다.[47] 그가 제인의 요구를 진지하게 받아들일 일은 결코 없을 터였다.

대신 데이비드는 그러한 영매술을 믿는 이들을 질책하려는 의도가 다분한 글들을 발표하기 시작했다.[48] "원자의 영혼"이나

"아스트랄계에 있는 망령들"을 발견했다는 사기꾼에 관한 풍자적인 글들을 《사이언스》와 《파퓰러사이언스》에 기고했다. 심지어 그 분야를 지칭하는 '사이어소피sciosophy'(사이비지식)라는 명칭까지 만들어냈다. 과학과 철학의 유감스러운 결합이라는 것이다. 그는 《사이언스》에 발표한 글에서 이렇게 일격을 날렸다. "사이어소피에는 정밀함의 도구들과 논리, 수학, 망원경과 현미경, 외과용 메스가 필요 없다. 인생은 짧고 인류는 빠른 수확을 요구하기 때문이다."[49]

하지만 그가 유감을 품은 상대는 손쉬운 표적들에게서 돈을 갈취하는 사기꾼이 아니라 손쉬운 표적이 되는 사람들이었다. 그렇게 허술한 사고, "진실이 아니란 걸 우리가 분명히 아는 것을 믿으려 하는"[50] 그런 사람들이 "우리 사회에 엄청난 고통"[51]을 초래한다고 그는 썼다. 바꿔 말하면 헛된 희망을 품는 뇌, 그러한 상상의 비약에 취약한 뇌가 악의 도구가 될 수 있다는 것이다.

제인 스탠퍼드가 그 논문들을 하나라도 읽었는지, 그 글들이 "우연히" 제인의 책상 위에 올라간 적이 있는지, 아니면 그저 분풀이를 해서 데이비드의 마음이 좀 풀렸는지는 확실하지 않다. 어느 경우든 데이비드는 검은 빅토리아풍 드레스에 꽃을 얹은 모자를 쓰고 캠퍼스를 가로지르는 제인의 실루엣을 보기만 해도 못마땅했을 것이다. 제인은 데이비드와 마주칠 때마다 그의 리더십에 대한 새로운 불만들을 표현했던 것으로 보인다. 데이비드의 채용 관행에 대해 우려를 표했고, 족벌주의를 펼친다고 비난했다.[52] 제인은 과학 분야 학과들을 채운 데이비드의 사람들을 그의 "애완동물들"이라고 불렀다.[53]

그러나 이런 비판과 모욕, 그의 목줄을 홱 잡아당겨 고통을 주는 악력이 있는 한편, 언제나 그것을 견디게 해주는 물고기가 주는 위안도 있었다. 데이비드는 드넓은 물의 세계가 무한한 위안을, 그 어떤 술이나 약보다 훨씬 더 나은 위안을 준다고 확신했다. 이 우주에서 아직은 미지의 한 조각에 불과한 새로운 물고기를 한 마리 한 마리 잡아나가고, 새로운 이름을 하나씩 붙일 때마다 믿을 수 없는 도취적인 감정이 몰려왔다. 혀에 닿는 그 달콤한 꿀, *전능함에 대한 환상*, 그 사랑스러운 질서의 감각. 이름이란 얼마나 좋은 위안인가.

5.

유리단지에 담긴 기원

철학에는 어떤 것들이 이름을 얻기 전까지는 존재하지 않는다고 보는 사상이 있다. 이 사상은 *정의, 향수, 무한, 사랑, 죄* 같은 추상적인 개념들이 천상의 에테르적 차원에 머물면서 인간이 발견해줄 때를 기다리고 있는 것이 아니라, 오히려 누군가가 그것들의 이름을 만들어낼 때 비로소 존재하기 시작한다고 본다. 이름으로 불리는 순간 개념은 현실에 영향을 미칠 수 있다는 의미에서 "실재"가 된다. 우리는 *전쟁, 휴전, 파산, 사랑, 순수, 죄책감*을 선언할 수 있고, 그렇게 함으로써 사람들의 삶을 바꿔놓을 수 있다. 이렇듯 아이디어를 상상의 영역에서 세상의 영역으로 끌어오는 운송 수단인 이름 자체는 엄청난 힘을 갖고 있다. 그런데 이 사상에 따르면, 이름이 존재하기 전까지 개념들은 대체로 불활성 상태에 있다고 한다.

이를 인정하지 않는 사람들도 많다. 그들은 눈을 굴리며 수학을 생각해보라고 말한다. "우리가 이름을 붙여주지 않으면 숫자들이 존재하지 않는다는 말이오? 파이를 품고 있지 않은 원이 있다면 어디 한번 내게 보여주시오."

그러나 이 몽롱한 개념을 한층 더 밀고 나가는 철학자도 많다.

예를 들어 버지니아대학 철학과의 트렌턴 메릭스Trenton Merricks[1]는 만물의 존재에 관해 너무나 깊은 의심을 품고 있는 나머지 의자처럼 구체적으로 보이는 것들조차 존재하지 않는다고 생각했다. 그는 자신이 입자들 위에 앉아 있다는 사실에는 동의한다. 하지만 그 입자들이 정말로 "하나의 의자"를 구성하는 것일까? 그는 그렇지 않다고 생각한다.

그의 자녀들은 이런 사실을 부담처럼 짊어진 채 자라왔다. 아버지가 의자든 장갑이든, 지구상에서 인간이 이름 붙인 범주에 속하는 대상들 대부분의 존재를 믿지 않는다는 사실에 대해 말이다. 학교에서 단체로 사과 과수원에 견학을 갔을 때 그의 딸이 다른 학부모들과 아이들이 보는 앞에서 아버지에게 다가가, 그들이 모두 함께 타고 있는 건초 수레가 존재한다고 생각하는지 대답해달라고 요구했다. 그는 당황한 듯 주위를 둘러보며 상황을 무마하려 했지만, 딸은 결국 그가 대답을 피할 수 없게 밀어붙였다. "이 건초 수레는 존재한다. 참이에요, 거짓이에요?" 그는 눈을 내리깔고 대답했다. "거짓."

메릭스는 자기 말이 사람들에게 어떻게 들릴지 잘 안다고 말했다. 만약 당신이 비행기에서 그를 만난다면 그는 자기가 어떤 공부를 하고 있는지 말해주지 않을 것이다. "놀림당하기 쉬운 이야기는 꺼내지 않으려고 노력하죠. 하지만 실제로 나는 그것이 정신 나간 생각이라고 생각하지 않습니다." 그의 요지는 단순하다. 인간의 정신이 세상을 조각해내는 일을 늘 그렇게 잘하는 건 아니라는 것, 우리가 만물에 붙인 이름들은 잘못된 것들로 드러나는 경우가 많다는 것이다. "노예"는 인간보다 낮은 위치에 있는, 자유를 누릴 가치도 없는 존재였던가? "마녀"는 화형을 당하는 게 마땅한 존재들이었나? 그가 의자를 예로 든 의도도 같은 맥락에 속한다. 겸손을 유지하라는 것, 우리가 믿는 것들, 우리 삶 속 가장 기본적인 것들에 대해서도 늘 신중해야 한다는 걸 되새겨보게 해주는 사례인 것이다. "우리가 앞으로 나아가기를 원한다면 그 생각을 해야만 한다고 생각합니다."

나는 그의 말귀를 알아들었다. 대체로는 이해한 것 같다. 그의 연구실—반드시 존재하는 것은 아닐지도 모를—에서 그와 함께 앉아 있을 때는 그 생각이 아주 중요하게 느껴졌다. 하지만 다시 캠퍼스로 걸어 나와 내 앞에서 아름답게 나부끼는 오렌지나무 잎들을 보자 그 관념들이 바람에 날려 증발되는 것 같았다. 당연히 의자는 존재한다. 그리고 나무들도. 나뭇잎들도. 그리고 사랑도!

이 세계에는 실재인 것들이 존재한다. 우리가 이름을 붙여주지 않아도 실재인 것들이. 어떤 분류학자가 어떤 물고기 위로 걸어가다가 그 물고기를 집어 들고 "물고기"라고 부른다고 해서 그 물고기가 신경이나 쓰겠는가. 이름이 있든 없든 물고기는 여전히 물고기인데….

맞지? 맞겠지?

이 얘기는 나중에 다시 할 것이다.

확실한 것은 분류학자들도 명명이라는 일에 대해 다소 미신적인 태도를 취한다는 사실이다. 하나의 종을 최초로 명명할 때 그들은 그 최초의 표본을 특별한 명예를 부여한 매우 특별한 유리단지에 넣어둔다. 그 표본은 공식적인 과학의 기록부에 오를 때 그 종의 유일한 구성원으로 기재된다. 분류학 용어로 모든 표본을 "모식模式, type"이라고 하는데, 최초의 신성한holy 모식은 영광스럽게도 "완모식完模式, holotype"이라 부른다.

그리고 모든 성스러운 유물이 그러하듯 이 완모식 표본들도 안전한 장소에, 그러니까 전 세계의 박물관이나 학술기관들에 보관된다. 예를 들어 *뤼세이데스 이다스 롱기누스Lycaeides idas longinus* 나비는 하버드대학 비교동물학박물관에 보관되어 있고, 작은 모자이크 펜던트처럼 생긴, 지금은 멸종한 불가사리 종인 *마로카스테르 코로나투스Marocaster coronatus*의 최초 표본은 프랑스 툴루즈박물관에 보관되어 있다. 이런 완모식 표본들은 흔히 뒤쪽의 은밀한 방에 따로 보관하는데, 당신이 경의를 표하면서 정말로 정중하게 요청한다면 때때로 그것들을 볼 수 있는 곳으로 안내되어 숨죽인 채 그 앞에 설 수 있는 기회를, 그러니까 진정한 의미에서 유리단지에 담긴 기원 자체를 만날 기회를 얻을 수 있다.

완모식 표본에 관해서는 아주 중요한 규칙이 하나 있다. 만약 완모식 표본이 소실되어도 새로운 표본을 그 성스러운 유리단지에 대체해서 넣을 수 없다는 것이다. 안 될 말이다. 그러한 상실에 대해서는 경의를 표하고 애도하고 상실되었다는 표시를 남긴다. 이제 이 종의 계통은 영원히 순수성이 훼손된 채, 그 종을 만든 최초의 존재가 없는 상태로 남겨져야 한다. 그 종을 물리적으로 대표할 새로운 표본이 선택될 테지만, 이 표본은 "신모식neotype"이라는 더 낮은 지위를 부여받는다. 신모식 표본은 최초의 완모식 표본이 상실되었거나 파괴된 후에 그 종을 대표하는 표본 역할을 하도록 선택된 표본을 말한다.

이렇듯 과학자들조차 의례를 좋아한다.

* * *

복도에서 또각거리는 소리가 난다. 리놀륨을 밟고 지나가는 발소리다. 나는 데이비드 스타 조던이 스스로 자기 이름을 붙인 유일한 바닷물고기를 보러 가는 중이다. 그 소중한 완모식 표본은 워싱턴 DC에서 32킬로미터 떨어진 스미스소니언 박물관 부설 표본관에, 국가적으로 중요한 수집물들을 지키는 경비 삼엄한 문 뒤에 보관되어 있다.

건물 안은 싸늘했다. 기후를 통제하고 있기 때문이다. 창도 거의 없다. 항상 배어 있는 에탄올 냄새가 코를 찌른다. 소나무 냄새와 스카치테이프 냄새도 섞여 있다. 또각거리는 소리는 여섯 개의 발에서 났다. 목에 신분증을 걸고 있는 정부 소속 분류학자 두 사람이 나를 에스코트해주었다.

우리는 서랍에 발굽과 가지 모양의 뿔들이 삐져나와 있는 유제류(발굽이 있는 포유동물)가 가득한 방을 지나고, 카펫 길이만큼이나 긴 꼬리를 지닌 것을 포함하여 파충류들이 모여 있는 방을 지나, 어류가 보관되어 있는, 그 건물의 내장에 해당되는 곳으로 갔다. 우리를 맞이한 건 굳게 잠긴 문이었다. 분류학자 중 한 사람이 보이지 않도록 출입 암호를 입력하자 문이 열렸고, 우리는 방 안에 들어섰다.

선반에 쌓인 게 책이 아니라는 점만 빼면 도서관처럼 보이는 방이었다. 거기에 책 대신 유리단지들이 있었다. 큰 단지와 작은 단지들. 모든 단지에는 노란색 액체에 퉁퉁 분 사체들이 적어도 하나씩은 일렁일렁 떠 있었다. 한 유리단지에는 거대한 장어가 마치 아코디언처럼 접혀 들어가 있어서 거대한 리본 캔디처럼 보였다. 횟어아과의 작은 물고기들로 가득한 작은 단지는 마치 케이퍼 단지처럼 보였다. 전갈처럼 생긴 것, 모자 방울을 닮은 것, 노인을 닮은 것, 그리고 은박지로 종이접기를 한 것처럼 생긴 것도 있었다. 이런 것들이 우리 존재의 출발점이라니 정말 이상했다. 배아 단계에서는 우리 모두가 거의 비슷한 모양이라니 생각만 해도 너무 이상했다.

마침내 우리는 성스러운 완모식 표본 앞에 당도했다. 표본 번호 #51444. *아고노말루스 요르다니Agonomalus jordani*. 데이비드 스타 조던이 1904년에 일본 연안에서 발견하여 명명한 것이다. 유리용기 바닥에 놓여 있는 그것은 작고 검은 용 같았다. 분류학자 중 한 사람이 뚜껑을 돌려서 열고, 금속 집게 하나를 용기 안으로 넣더니 그 용을 집어서 공기 중으로 꺼내 들었다. 그녀가 잠시 그렇게 들고 있는 동안 녀석의 검은 비늘이 조명을 받아 희미하게 빛났고, 리놀륨 바닥 타일 위로 에탄올이 뚝뚝 떨어졌다. 이어서 분류학자는 그것을 내 손바닥에 올려주었다. 나는 이렇게 신성한 무언가를 만지는 게 내게 허락되리라고는 상상도 하지 못했다.

이 물고기는 날카롭다. 온몸이 가시털로 덮여 있다. 충분히 세게 쥐면 피가 날 정도로 뾰족한 가시들이지만, 다행히 그런 충동은 전혀 들지 않는다. 나는 이름표를 매달아 살갗에 꿰맨 실의 매듭을 만져본다. 아주 튼튼하고 견고해서 한 세기가 넘도록 무난히 버티고 있다. 데이비드가 직접 자기 손가락으로 이 매듭을 묶은 걸까. 주둥이에도 가시가 돋아 있다. 몸통은 나선형 계단처럼 말려 있다. 톱니 모양의 날카로운 지느러미는 용의 날개를 닮았다. *아고노말*

*루스 요르다니*가 속해 있는 날개줄고깃과는 탁월한 사냥꾼들로 알려져 있다. 이들은 해초 속에 섞여 들어 미끌미끌한 해초인 듯 위장하고 있다가 작은 게와 새우 같은 먹이들에게 은밀히 접근한다. 그런 다음 유난히 큰 가슴지느러미, 바로 그 용의 날개로 믿을 수 없이 빠른 속도로 먹이를 덮친다. 아무 의심 없이 무방비 상태로 있던 갑각류들은 자기를 공격한 게 무엇인지 파악할 겨를조차 없다. 혹시 알게 되더라도 이미 때는 늦었다.

고요한 오싹함이 나를 덮친다. 데이비드가 만난 수천 가지 물고기 중에서 자신의 이름을 붙이기로 선택한 단 하나가 왜 하필 이것이었을까. 물론 숨이 멎을 만큼 경이로운 건 분명하지만, 무섭기도 하다. M. C. 에셔의 그림에서 느껴지는 것과 비슷한 두려움이다. 이 물고기의 형태에는 물리법칙에 어긋나 보이는 뭔가가 있다. 손가락으로 그 윤곽을 따라 짚어가며 기하학이 무너지는 지점이 어디인지 찾아봤지만 아무런 답도 찾지 못했다. 실제로 그 속명인 *아고노말루스Agonomalus*는 "모서리가 없음"을 뜻하는 그리스어에서 왔다. A(없다) + gonias(각, 모서리).

분류학자들은 오래전부터 이 종의 물고기들이 물리법칙을 따르지 않는 것처럼 보인다는 사실을 알고 있었다. *아고노말루스 요르다니*. 모서리가 없는 조던. 뫼비우스 띠처럼 두 개의 면으로 되어 있지만 사실은 하나인 면. 두 면 사이의 경계는 결코 찾을 수 없다. 데이비드는 왜 하필 이 생물이 자신을 반영한다고 느꼈을까? 이 선택에 일종의 고백이 담겨 있는 것일까? 그토록 능숙하게 사람들의 마음과 일자리와 각종 상을 얻어냈던 친절한 남자의 밑바닥에 도사리고 있는 어떤 어두운 면에 대한 고백일까? 그때 나는 그 답을 알지 못했다.

* * *

내가 알고 있는 사실은 데이비드가 물고기를 더 많이 수집할수록 우주가 더 난폭하게 반격하는 것 같았다는 점이다. 그가 혼돈과 전쟁을 치르는 동안 우주가 빼앗아간 것은 그의 아내 수전과 아기 소라뿐이 아니었다. 우주가 빼앗아간 존재 중에는 그의 친한 친구 허버트 코플랜드도 있었다. 북미의 새로운 담수어를 찾는 걸 함께하자고 그가 불렀던, 그 수염 기른 고기잡이 친구 말이다. 허버트는 어느 날 인디애나의 화이트 강에서 물고기를 수집하다가 넘어지는 바람에 배 밖으로 떨어져 동사했다.[2] 데이비드는 이렇게 썼다. "그리하여 나의 가장 친밀한 옛 친구가, 내가 교류했던 이들 가운데 가장 총명한 정신을 지닌 이들 중 하나가 내 인생에서 사라졌다." 거기서 끝이 아니었다. 허버트가 죽은 지 얼마 지나지 않아 데이비드가 가장 총애하는 제자 중 한 명인 찰스 메케이가 알래스카에서 새로운 물고기를 찾던 중 실종됐다.[3] 뒤이어 그의 제자 찰스 H. 볼먼이 조지아주 남부의 오커퍼노키Okefenokee 습지에서 물고기를 수집하던 중 말라리아에 걸려 급사했다.[4]

그렇다면 이들의 죽음이 데이비드로 하여금 겁을 집어먹고 단 1초라도 질서에 대한 추구에서 물러서게 했을까? 전혀 아니었다. 오히려 혼돈이 공격해올 때면 더욱더 강한 힘으로 반격하는 그 특유의 방식으로 대응했다. 그는 고기를 잡는 더 공격적인 기법을 발명하기 시작했다. 다이너마이트를 터뜨려 폭발과 함께 물고기들이 물 밖으로 튀어나오게 했고, 산호를 망치로 쳐서 그 속에 숨은 물고기들을 꺼냈다.[5] 그중 가장 '기발한' 방법은 조수웅덩이의 작은 틈새에 숨어 있는 "수많은 작은 물고기들"을 꺼내기 위해 독을 사용한 것이었다. 데이비드는 조수웅덩이에 독을 조금씩 뿌리고는 이내 둑중개, 불가사리, 망둥이가 *순식간에* 수면 위로 둥둥 떠오르는 모습을 지켜보았다.[6]

또다시 그는 이름 붙일 수 있는 속도보다 더 빠르게 새로운 종들을 발견해나갔다. 스탠퍼드대학에 있는 그의 사원과도 같은 사암 연구실에 이상한 물고기 사체들이 점점 더 높이 쌓여갔다. 그는 가슴이 부풀어 오르는 느낌, 혀에 닿는 달콤함, 질서정연함과 행위주체성의 감각을 다시금 느끼고 있었다. 그리고 세계는, 그 거대한 세계는 조용히, 참을성 있게 앉아서 그가 틀렸음을 증명할 채비를 하고 있었다.

1900년, 이번에는 바바라가 표적이 됐다. 그가 가장 총애하는 자식이자 분류학을 사랑하고 검은 눈동자를 가진 아이, 아버지와 함께 작은 돌집 마당을 개 위에 올라탄 원숭이와 나란히 걸으며 동정할 새와 식물을 찾고 이야기를 만들어내던 아이, 만물의 실존적 본성에 관해 토론할 만큼 침착했던 바로 그 아이. 데이비드는 이렇게 추억했다. "언젠가 나는 바바라와 정원을 거닐다가 라일리의 시를 읊었다. '조심하지 않으면 도깨비들이 널 잡아간단다.' '하지만 도깨비 같은 건 아무것도 존재하지 않아요. 그런 건 한 번도 없었고 앞으로도 절대 없을 거예요' 하고 그 애가 말했다. 나는 [철학자 조지] 버클리의 관념론을 떠올리며 이렇게 말했다. '어쩌면 아무것이란 것은 존재하지 않을지도 모르지.' '아뇨, 존재해요. 아무것이란 것은 존재해요.' 그러고는 의문의 여지없는 현실을 찾느라 두리번거리더니 의기양양하게 덧붙였다. '예를 들면 *호박* 같은 것도 존재해요.'"[7]

어느 날 데이비드가 일본에서 물고기를 수집하고 있을 때 아홉 살 바버라는 성홍열에 걸려 몸져누웠다. 데이비드는 서둘러 바버라 곁으로 돌아갔지만 샌프란시스코 부두에 도착했을 때 이미 늦었다는 소식을 전해 들었다. 데이비드는 이 일을 "우리가 겪은 가장 잔인한 개인적 재앙"이라고 말했다. "아내에게나 나에게나 가장 파괴적인 충격으로, 우리 인생에서 가장 밝은 빛이 꺼져버린 일이었다. 20년이 지나 이 글을 쓰고 있는 지금도 어제 겪은 일처럼 깊은 상처로 남아 있다."[8] 그에게 조금이나마 위로를 줄 수 있는 것, 미약하지만 목적의식을 느끼게 하고 기분을 돌리게 할 수 있는 유일한 것은 무엇일까? 바로 그의 물고기들이었다. 그는 다시 물로, 바다로 나갔다. 더, 더 많은 물고기를 찾아서.

사람들이 이렇게 자신의 무력함을 느낄 때는 강박적인 수집이 기분을 끌어올리는 데 도움이 된다.

* * *

데이비드에게는 안 된 일이지만 그를 괴롭히는 적은 혼돈만이 아니었다. 데이비드가 40대 후반으로 접어들고 그의 콧수염에 처음으로 흰 수염들이 돋아날 무렵, 검고 긴 드레스를 입고 다니는 제인 스탠퍼드는 계속해서 데이비드에게 잔소리를 하고, 그의 일거수일투족에 의문을 품고 그를 확 잡아당겨 물고기들에게서 떼어놓았다. 데이비드의 리더십에 대한 우려—그가 족벌주의로 학교를 좌지우지하고 돈을 너무 낭비한다는 비난—가 점점 더 깊어지자, 제인은 결국 그를 감시할 스파이까지 심어두었다.[9] 그 스파이는 독일학과의 수염을 기른 대머리 교수 줄리어스 괴벨이었다.[10] 제인은 괴벨에게 데이비드의 활동을 면밀히 지켜보고 우려스러운 일은 무엇이든 자기에게 보고하라고 지시했다.

바버라가 죽고 몇 년 지나지 않아 그 스파이는 데이비드가 가히 훌륭해 보이지 않는 일을 한 정황을 포착했다. 사실상 그것은 찰리 길버트의 잘못이었다. 데이비드의 오래된 좋은 벗 찰리 길버트. 그의 제자에서 출장 동료가 되었다가, 다시 스탠퍼드대학 동물학과의 학과장이 된 찰리. 등산 중 입은 부상에서 회복한 지도 오래되었고, 결혼한 지도 오래된 찰리는 스탠퍼드의 한 젊은 여성과 바람을 피우고 있었다. 어느 날 찰리와 상대 여성이 어느 사서에게 발각되었고, 이 사서는 데이비드를 찾아가 그런 부적절한 짓을 한 찰리를 해고하라고 요구했다. 그러나 데이비드는 자신의 무리에서 찰리를—그 "총명한" 분류학적 정신의 소유자를!—놓치고 싶지 않았다. 그래서 데이비드는 그 자리에서 기지를 발휘했다. 만약 그 누구에게라도 발설하면 "성도착(동성애를 나타내는 암호로 자주 사용되던 말이다)을 이유로 정신병원에 감금"하겠다며 사서를 협박한 것이다.[11]

그 협박으로 사서의 입을 막는 데는 성공했다. 그는 스탠퍼드에서 사직하고 그 도시를 떠났다. 그러나 제인의 스파이가 어쩌다 이 일의 전말을 알게 되었고, 공식적인 서한문에 그 이야기를 담아 제인에게 보냈다. 그 편지에서 괴벨은 데이비드가 친구를 보호하기 위해 섹스 스캔들을 "덮어버렸다"고 비난하고, 이런 일이 결코 이번 한 번이 아니라고 주장했다. 그 스파이에 따르면 데이비드는 "갱"처럼 대학을 운영하고, 교직원들은 "목이 날아갈까" 두려워 감히 그의 의견을 거스르지 못했다. 괴벨은 제인에게 단도직입적으로 호소하는 말로 편지를 마무리했다. "부인께서도 직접 말씀하셨듯이 이런 상황은 학문의 명예를 더럽히는 일이며, 훌륭한 대학을 만들겠다는 부인의 계획을 조금이라도 이루려 한다면 즉각 시정해야 할 일입니다."[12]

곧 제인—데이비드가 도덕적으로도 지적으로도 자신보다 열등하다고 느꼈던 여자, 수상쩍은 돈으로 제국을 건설한 여자, 사이어소피가 죽은 아들을 만나게 해줄 거라 믿을 만큼 암시에 잘 걸리는 여자—은 중진 이사들에게 보내는 서명 편지에 데이비드의 도덕적 결함들을 "오랫동안 고통스러울 정도로 똑똑히 지켜보고 있었다"고 써 보냈다.[13] 루서 스피어Luther Spoehr라는 역사가에 따르면, 1904년이 끝나갈 무렵 "스탠퍼드 부인이 조던을 갈아치울 계획이라는 소문이 무성했다"고 한다.[14]

이런 상황을 고려하면 1905년 초 어느 밤 하와이를 여행 중이던 제인이 예기치 않게 사망한 것은 그에게는 아주 행운이었던 셈이다.[15] 우주가 그제야 데이비드에게 좀 관대해진 것처럼 보였다.

제인이 죽은 뒤 데이비드는 그 스파이를 스탠퍼드에서 해고했다.[16] 이제 뒤에서 성가시게 항의할 사람도 없어졌겠다, 그는 또 한 번 장기간 유럽을 도는 여행을 계획했다.[17] 제시도 함께였다. 둘은 런던의 대성당들과 프랑스의 라벤더 들판과 스위스 알프스의 푸르른 풍광 속을 거닐었다. 독일에서는 강배를 타고 며칠 동안 모젤강을 따라 내려가는 여행도 하고, 간간이 그들이 탄 배를 따라오는 수생생물들을 감탄스럽게 바라보거나 맛을 보기도 했다.

여행을 마치고 그들은 캘리포니아의 집으로 돌아왔다. 집에 이제 딸은 없었지만 바버라가 죽은 지 2년 뒤에 가진 어린 아들 에릭이 있었다. 1905년 가을 에릭은 두 살이었다. 그리고 데이비드는 에릭을 안전히 지키겠노라 맹세했다.

데이비드는 다시 일을 시작했다. 매일 아침 자신의 선지자의 조각상 아래를 지나서 그 선지자가 "가장 고차원적인 수준의 전도 활동"이라 생각한 그 일을 했다. 해부용 메스를 손에 들고 미지의 표본을 유리단지에서 꺼내 밝은 빛 아래서 뚫어지게 들여다보고, 이빨과 지느러미와 비늘을 건드려보다가 마침내 그 비밀을 발견하기 위해 살을 잘랐다. 그는 물고기의 뼈와 내부기관에서 실마리를 찾고 있었다. 어느 생물이 어느 생물을 낳았는지에 관한 실마리, 생명이 흘러가는 방향에 관한 실마리, 인간을 만드는 데 필요한 실험에 관한 실마리, 그리고 어쩌면 사람들을 개선하기 위한 비결에 관한 실마리를. 샛비늘치는 정확히 어떻게 빛을 발하는 것일까? 불가사리는 팔을 어떻게 재생하는가? 날치는 어떻게 나는 것인가? 인간의 고통을 줄이기 위해, 인류를 더 높이 끌어올리기 위해 어떤 적응 방법을 빌려올 수 있을까?

그는 각 물고기의 내장과 신경, 인대, 부레, 쓸개, 뼈와 눈알을 검토하고, 돌돌 말린 뇌 속을 깊이 들여다보았다. 이런 관찰은 자기 앞에 놓인 것을 다 이해했다는 확신이 들 때까지 몇 시간 혹은 몇 주, 때로는 몇 년까지도 이어졌다. 그리고 드디어 그런 확신이 들면 손가락 마디를 우두둑 꺾거나 뭉친 목 근육을 풀고 지구의 좋은 공기를 좀 들이마신 다음, 숨을 내쉬듯 최초로 그 생물의 이름을 발음했다. *아고노말루스 요르다니.* 그러면 단지 그 행위만으로 새로운 종이 탄생했다.

미지의 생물에게 자신의 깃발을 꽂기 위해 그는 주석 이름표에 그 성스러운 이름을 펀치로 새기고, 그 이름표를 유리단지 속 표본 곁에 담그고 뚜껑을 닫았다. 우주의 또 한 귀퉁이가 포획된 것이다. 그는 자신이 발견한 것들을 마치 전리품처럼 높이, 더 높이 쌓아가며 전시했다. 그가 질서 속으로 끌어다놓은 혼돈의 양이 거의 건물 두 층 높이로 올라갈 때까지.

6.

박살

W h y   F i s h   D o n ' t   E x i s t

1906년 4월 18일 오전 5시 12분, 지구가 어깨를 들썩였다. "1분도 안 되는 사이에… 산들이 아무도 가늠할 수 없는 깊이로 갈라져 열렸다가 마치 아무 일도 없었다는 듯 다시 닫혔다!"[1] 이 말은 데이비드 스타 조던이 자기 인생에서 가장 충격적인 사건 중 하나인 1906년 샌프란시스코 대지진을 지질학적 감각으로 이해해보고자 한 시도다. 지진의 강도는 리히터 규모 7.9로 추정된다.[2] 47초 만에 샌프란시스코시의 상당 부분이 붕괴했고,[3] 지진으로 인한 붕괴와 뒤이은 폭발과 화재로 3천 명 이상이 목숨을 잃었다.[4]

그러나 잠에서 깨어 몸이 마치 "개가 잡고 흔드는 쥐처럼"[5] 이리저리 구르고 있음을 느꼈을 때 데이비드는 이런 사실을 몰랐다. 그저 에릭을 바버라처럼 보내지는 않겠다는, 우주가 에릭까지 데려가게 하지는 않겠다는 일념으로 에릭의 방으로 다급히 달려갔다. 그는 재빨리 복도를 달려가며 이제 열여덟 살이 된 아들 나이트를 불렀다. 그날 나이트는 지붕 위에서 자고 있었다. 아래층 거실에서 오싹하고 불길한 음이 울렸다. 무너지는 천장이 건반 위에 아무렇게나 떨어지며 쏟아낸 피아노 소리였다.[6] 자기 침대에 안전하게 누워 있는 에릭을 발견한 데이비드는 아이를 품에 안고 계단으로 급히 달려갔다. 하지만 계단이 "너무도 격렬하게 들썩거리고 있어서… 도저히 쉽게 내려갈 수가 없었다."[7]

마침내 데이비드와 제시, 에릭이 모두 밖으로 나오자 기이한 고요가 그들을 맞이했다. "새들은 벌써 다시 노래를 이어가기 시작했고, 뻔뻔스럽게 봄의 얼굴을 내민 자연은 그 재앙이 일어났다는 사실을 완전히 부인하고 있는 것 같았다."[8]

잠시 후 휘청거리며 달려 나온 나이트는 대학 전체가 "엉망진창이 되었다"고 말했다. "흔들리는 난간을 꼭 붙잡은 채" 그들의 사암 왕국의 성들이 도미노처럼 무너지는 모습을 목격한 나이트는 "버팀벽이 있는 아름다운 교회 탑이 무너지는 모습, 메모리얼 아치가 붕괴할 때 거기서 떨어져 나온 돌들이 '분수처럼' 사방팔방으로 날아가는 모습, 아직 완성되지 않은 대도서관이 무너지는 모습과 거의 다 완성되어가던 체육관이 (아직 충분한 철제 지지물이 없어) 카드로 지은 집처럼 무너져 내린 모습"을 묘사했다.[9]

자신이 지구상에 아직 살아 있는 그저 한 사람이 아니라, 이 무너지는 왕국의 지배자이기도 하다는 사실을 상기한 데이비드는 자기가 낼 수 있는 가장 빠른 속도로 캠퍼스로 달려갔다.

아직 오전 6시도 되지 않은 시간이었다. 피크닉 바구니에서 빠져나오는 개미떼처럼 기숙사에서 달려 나와 잔디밭 위에 흩어져 있던 학생들은 갈피를 잡지 못한 채 서로의 눈을 들여다보고 서로의 어깨에 기대며 아직도 지구에 안정감이란 게 남아 있는지 확인하고 있었다. 데이비드는 그들을 지나쳐 달렸다. 무너진 버팀벽들도 지나치고, 환영의 아치가 무너진 파편 더미도 지나치고, (나중에야 알게 되었지만) 떨어진 쇠와 돌에 깔려 으스러진 시체들도 지나쳐 달렸다.[10] 터진 수도관에서 뿜어 나오는 증기의 비명 소리도, 불꽃을 튕기는 전선들도 지나서 자신의 물고기 사원으로 직행했다.

데이비드가 글로 남긴 바에 따르면, 그는 "걱정으로 가득 차서"[11] 입구에 들어섰다.

과연 여기에 어떤 단어들이 어울릴까?

당신 삶의 30년이 한순간에 수포로 돌아간 모습을 보고 있다고 상상해보라. 무엇이든 당신이 매일 하는 일, 무엇이든 당신이 소중히 여기는 일, 그것이 아무 의미 없다고 암시하는 모든 신호에도 불구하고 그래도 중요한 것이기를 희망하면서 당신이 매일같이 의지를 모아 시도하는 모든 일들을 떠올려보라. 그리고 그 일에서 당신이 이뤄낸 모든 진척이 당신의 발치에서 뭉개지고 내장이 튀어나온 채 널브러져 있는 걸 발견했다고 상상해보라.

여기는 바로 그런 상황에 어울리는 단어들이 올 자리다.

모든 곳에 물고기들이 있었다. 바닥 위 모든 곳에 유리 파편이 흩뿌려져 있었다. 가자미들은 떨어진 돌에 깔려 더 납작하게 뭉개졌다. 장어들은 무너진 선반에 깔려 절단되었다. 복어는 유리 파편에 찔려 살이 터져나왔다. 에탄올과 시체 냄새가 코를 쏘아댔다. 그러나 물고기들의 살집에 발생한 그 어떤 피해보다 훨씬 더 고약한 피해는 실존적 피해였다. 하나도 다치지 않고 멀쩡하게 남은 표본들이 수백 개, 거의 천 개에 달했지만, 그 모든 표본의 신성한 이름표들은 모두 연구실 바닥에 흩어져 있었다. 그 47초 사이에 창세기가 뒤집혔다. 그가 꼼꼼하게 이름을 지어줬던 물고기들이 다시금 형체 없는 미지의 존재들로 돌아갔다.

그리고 그것으로는 부족하다는 듯, 그가 자신의 선지자에게 안내를 구하려고 허둥지둥 밖으로 나왔을 때 데이비드는 보고 말았다. 그 지진이 루이 아가시의 조각상을 콘크리트 바닥에 머리부터 메어꽂은 광경을.[12] 우스꽝스러운 장면, 급소를 찌르는 한 방이었다. 아가시의 두 발은 하늘을 가리키고 있었고, 대리석으로 된 그의 작은 손은 아직도 과학책을 꼭 쥐고 있었다. 질서에 이르는 경로의 지도를 만들어줄 거라 믿었던 그 텍스트는 마침내 그를 피할 수 없는 절망으로 이끌었고, 그의 머리를 (콘크리트를 만들기 위해서는 물과 함께 섞어야 하는) 모래에 파묻어버렸다.

내가 이 연극의 감독이라면 무대 디자이너에게 조금 살살 하라고 말할 것 같다. 하지만 받아들이자. 이것이 우주가 우리에게 준 것이다. 혼돈이 지배한다는 것, 나에게는 이보다 더 분명한 메시지는 없어 보였다.

나라면 이 지점에서 포기했을 것이다. 신성이 훼손되고, 꿈이 박살 났으며, 수십 년 동안 끈기 있게 해온 일이 헛수고로 돌아갔다면, 나라면 지하실로 내려가 패배를 인정했을 것이다.

✶ ✶ ✶

데이비드는 어떻게 했을까? 우리의 신중한 과학자, 다른 무엇보다 세상을 있는 그대로 보기를 원하는 그는 무엇을 했을까? 그는 그 지진의 명백한 메시지라 여겨지는 것에 귀를 기울였을까? 엔트로피가 세상이 돌아가는 방식이며, 그 어떤 인간도 결코 엔트로피를 멈출 수 없다는 메시지에?

아니다. 바로 이때 이 불운한 작자, 이 경이로운 작자는 바늘을 꺼내 우리 지배자의 목구멍을 향해 찔러 넣었다.

그런데 대체 그 아이디어는 어디서 온 걸까? 이름을 살갗에 곧바로 꿰매겠다는 아이디어 말이다. 데이비드의 내면 깊숙한 곳 어디선가 솟아난 것일까? 소년 시절 해진 천을 꿰매 깔개를 만들던 기억 속에 있던 바늘이 의식의 표면으로 떠오른 것일까? 다른 누군가가 제안한 것일까? 동료? 학생? 아내?

나도 모른다. 아쉽게도 이 바느질 기법의 탄생 비화를 나는 찾아내지 못했다. 표본에 곧바로 이름표를 꿰매는 것을 최초로 생각해낸 분류학자는 꼭 그가 아닐 수도 있다. 우리가 알 수 있는 것은 그가 자신의 표본 컬렉션에 일어난 절차상의 변화를 감독한 장본인이라는 것, 그리고 그가 도움을 요청한 서류들의 흔적에서 자기 물고기들에게 질서를 되찾으려 한 그의 필사적인 노력이 분명히 보인다는 것뿐이다. 그는 "목수에게 표본 용기를 보관하는 선반의 앞쪽에 작은 널을 달아달라고" 요청했고,[13] "[물고기 표본을 보존하기 위한] 에탄올"과 "강철벽과 바닥 고정쇠[들]"를 요청했다.[14]

하지만 요청에 대한 반응들이 너무 느렸다. 에탄올은 도착하지 않았다.[15] 물고기들은 거기 그대로 누운 채 자연의 영향들에 그대로 노출되어 마르고 부패하기 시작했다. 결국 데이비드는 자기 사람들에게, 질서의 사명을 함께 나누는 자신의 제자들에게 도움을 구했다. 다른 방법은 아무것도 생각해낼 수가 없었기에 그들에게 호스로 무장하라는 지시를 내렸다.

"바닥에 널브러져 있는 파괴의 잔해들은 스나이더 교수와 스타크스 교수가 낮이나 밤이나 호스로 물을 뿌린 덕분에 젖은 상태를 유지했다."[16] 내가 읽은 가장 아름다운 문장 중 하나인 이 문장은 아름다운 문장을 발견할 가능성이 무척 낮은 출처에서 가져온 것이다. 그 출처는 바로 제임스 뵐케가 쓰고 《스탠퍼드 어류학 편람》 5권에 실린 〈스탠퍼드대학 자연사박물관에 있는 최근 어류의 모식 표본 카탈로그〉다.

"낮이나 밤이나 호스로 물을 뿌려. 낮이나 밤이나."

해는 뜨고 지고, 뜨고 지고, 데이비드의 동료 두 사람은 고무 덧신을 신고서 물고기들의 살덩이를 향해 호스로 물을 뿌렸다. 이것이야말로 진정한 불굴의 기개가 무엇인지 보여주는 장면이 아닐까? 창밖에는 그들의 선지자가 머리를 거꾸로 처박고 있고, 공기 중에는 먼지가 희부옇게 드리워 있으며, 이 난장판을 어떻게 다시 수습할 수 있을지 알 수 없는 상황에서, 차가운 물과 불확실성을 정면으로 고스란히 받아내며 적어도 당장은 이것들을 마르지 않게 하겠다는 단호한 의지.

데이비드는 걱정하는 학부모들과 정신적 충격을 받은 학생들, 간담이 서늘해진 대학 회계사들을 달래느라 뛰어다녔고, 그러는 내내 머나먼 곳에 있는 동료들에게까지 에탄올을 보내달라는 황급한 메시지를 보냈다. *낮이나 밤이나.* 그는 학생들에게 잔디밭에 나와 자도 된다고 허락했다.[17] 많은 학생들이 이제 벽을, 주거시설을 두려워하게 되었기 때문이다. *낮이나 밤이나.* 친구들과 동료들이 땅속에 묻혔다. *먼지에서 먼지로.* 먼지는 임시 휴전에 들어간 듯 일시적으로 가라앉는 것 같더니 다시 소용돌이를 일으키며 떠올라 진드기와 푸트레신°과 세균들을 품고 데이비드의 연구실 창들을 통해 안으로 몰려들어, 되돌릴 수 없는 부패의 과정을 개시하겠다고 위협을 가해왔다.

사람들은 물을 뿌리고 뿌리고 또 뿌렸다. 이토록 억눌리지 않는 불굴의 끈기는 어쩌면 아름다운 것인지도 모른다. 따지고 보면 그건 미친 짓이 아닌지도 모른다. 어쩌면 그건 선에 대한 믿음을, 별들에는 존재하지 않지만 지구에서 함께 살아가는 인류의 가슴속에는 존재하는 따뜻함에 대한 믿음을 조용히 실행에 옮기는 일

° 단백질이 분해될 때 생성되는 유기화합물로, 시체가 부패할 때 나는 냄새의 원인 물질 중 하나다.

인지도 모른다. 어쩌면 그것은 신뢰 비슷한 무엇인지도 모른다.

이 차가운 물이 흩뿌려지는 빛 속에서, 48시간 이상 틀어놓은 수도꼭지는 누가 봐도 위풍당당해 보였다.

마침내 에탄올이 도착했다. 데이비드는 서둘러 연구실로 달려가 사람들이 발치에 널브러진 살점들을 분류하는 일을 도왔다. 저 지느러미… 그들은 저 지느러미가 어디서 온 것인지 알고 있을까? 저 노란 테의 눈알을 어디서 본 것인지 기억할 수 있을까? 이것은 실존적인 분류 작업이었다. 바닥에 널브러져 있는 종들 중에는 아직 이름 붙이지 못한 것들도 많았다. 만약 분류학자들이 그것들을 어디서 가져온 것인지 기억하지 못한다면 그 종들은 더 이상 존재하지 않는 종이 될 터였다.

데이비드는 물이 뚝뚝 떨어지는 갈색 물고기를 하나 집어 들었다. 너비는 그의 손바닥만 하고 등에는 빨간 점들이 있으며 꼬리는 두 갈래로 갈라져 있었다. 그는 녀석의 검은 대리석 같은 눈을 뚫어지게 들여다보며 기억의 미로 속을, 전 지구를 누비던 무수한 여행들의 기억을 더듬거렸다. 그는 알고 싶었다. *내가 널 어디서 데려왔는지 기억할 수 있을까? 그물에 걸려 올라왔나? 아니면 창에 꽂혀서? 네가 천천히 파닥거리며 죽어가던 곳, 그래서 내 것이 되던 곳이 어딘지 내가 기억해낼 수 있을까?* 그는 잠깐 멈추고 눈을 가느다랗게 떴다.

그는 그것을 놓아주어야 했다. 그 생물을 내던져버렸다. 변기에? 쓰레기통에? 나는 그 블랙홀의 테두리가 정확히 무엇인지 모른다. 그런 일이 또 한 번 일어났다. 그리고 또 일어났다. 백 번, 천 번, 천 마리의 물고기가 사라졌다.[18] 기억이 떠오르지 않은 천 번의 사소한 실패.

그 답답한 마음이 그런 혁신을 불러온 것일까?

나는 모른다. 그러니 나로서는 데이비드가 최초로 바늘을 꽂던 순간을 상상해볼 수밖에 없다. 마침내 그가 물고기 하나를 알아본다. 멸치와 비슷하게 생긴 녀석인데, 내 눈에는 아무 개울에나 사는 아무 물고기와 다를 게 없어 보인다. 그는 다이아몬드를 감정하는 보석 감정사처럼 그 작은 생물을 한 손에 들고 있다. 다른 손에는 찌를 준비가 되어 있는 바늘이 들려 있다. 데이비드가 알아본 것은 무엇일까? 등을 따라 희미하게 나 있는 호랑이 같은 줄무늬였을까? 눈알을 에워싼 은색 테두리? 마치 배에 투명한 나비 한 마리가 앉은 것 같은 한 쌍의 작은 배지느러미? 그의 그물에서 탈출하려고 격렬하게 퍼덕거리며 물을 헤치던 그 셀로판지 같은 날개들을 기억해낸 것일까? 맹그로브 뿌리 사이를 날듯이 헤치고 다니고, 파도가 새겨진 모래 위에서, 그 따뜻한 아쿠아마린색 물에서 퍼덕이던 그 날개를? 그 물이… 어디더라… 아… 그래, 파나마! 맞아, 그거야. 그는 확신했다. 그가 들고 있던 건 파나마 망둥이의 유일한 완모식 표본이었던 것이다! *에베르만니아 파나멘시스Evermannia panamensis!*

수집물 기록에 따르면, 이것은 지진 당시 병에서 빠져나와 과학계에서 거의 사라질 뻔하다가 나중에 되찾은 완모식 표본 중 하나다.[19] 뭐, 어쨌든 이제는 절대 그에게서 달아나지 않을 터였다.

데이비드는 바늘에 실을 꿴 다음 바늘 끝을 파나마 망둥이의 목살에 찔러 넣어 반대쪽으로 뽑아냈을 것이다.[20] 그리고 새로운 이름표를 망둥이의 살갗에 곧바로 매달았을 것이고, 그렇게 망둥이는 짠 하고 다시 존재하는 상태로 되돌려졌을 것이다. *에베르만니아 파나멘시스!* 혼돈의 그 작은 덩굴손 하나가 데이비드의 가차 없는 끈기 덕분에 다시 질서 속으로 돌아온 것이다.

* * *

그래서 그는 자신에게 어떤 말을 속삭였을까? 자기가 평생 해온 작업의 파편들을 쓸어 담을 때, 정체를 밝혀내지 못한 물고기들을 던져버릴 때, 이튿날 밤 작은아들 에릭을 침대에 뉘일 때, (영원히 끝나지 않을, 엄청난 양의) 번개와 세균과 지각변동이 잠복한 채 기다리고 있음을 알면서 이 모든 일을 하고 있을 때, 자신에게 계속 박차를 가하기 위해, 그 모든 일의 허망함에 짓눌려 으스러지지 않기 위해 그는 정확히 어떤 말을 자신에게 들려주었을까?

나는 점점 더 필사적으로 알고 싶어졌다. 곱슬머리 남자가 나를 떠난 지 3년이 되었고, 세계는 계속 침묵으로 소용돌이치고 있었다. 나는 어느 결혼식장에서 그를 만났다. 우리는 포옹을 했고 그의 계피 향기가 소나기처럼 내게 훅 끼쳐왔다. 그게 다였지만 나는 희망을 버리지 않았다. 언젠가는 모든 게 다 복구될 거라는, 우리의 사랑은 나의 배신에도, 떨어져 있는 몇 년, 이제 더 이상 서로를 제대로 알지 못하고 지낸 몇 년 세월에도 버틸 만큼 충분히 강할 거라는 희망을 말이다. 무언가에 대한 믿음, 말과 행동을 초월

하는 실체들이 존재한다는 믿음을 갖는 건 기분 좋은 일이다. 비록 그 믿음이 의심이라는 나방에게 갉아먹힌 믿음이라 해도.

그 3년 사이 나는 라디오 기자 일을 그만두고 뉴욕을 떠났다. 버지니아주로 가서 소설 쓰기 프로그램에서 피난처를 찾았지만, 거기서도 나의 상상력은 계속 같은 곤경으로 이야기를 몰아갔다. 나는 연인이 왜 자기를 떠났는지 깨닫지 못하는 나르시시스트 투구게에 관한 글을 썼다. 자신의 잭을 잃어버린 질에 관한 글도 썼다. 어떤 벽과 엄청난 우정을 나누게 된 여자에 관한 글도 썼다.

명절에 매사추세츠로 돌아가면 언니들은 서로 다른 각자의 방식으로 내 어깨에 손을 얹으며, 이제 잊고 다음 단계로 넘어갈 때가 되었다고 말했다. 작은언니는 내가 기운을 내기를, 내가 나의 힘을 기억해내기를 바라며 내 어깨를 꽉 움켜잡았다. 큰언니는 내 어깨를 살짝 건드리고 마치 벨벳을 만지듯 손가락으로 어깨선을 쓰다듬었는데, 그건 더 이상 어떤 고통도 더하고 싶지 않은 마음의 표현이었을 것이다.

어느 해에 나는 크리스마스를 완전히 건너뛰었다. 나는 우리의 축하 테이블에 곱슬머리 남자가 빠져서 생긴 구멍을 직시하고 싶지 않았고, 걱정으로 커다래지는 언니들의 눈동자를 마주하고 싶지 않았다. 버지니아에 남아 내가 제일 좋아하는 산의 정상까지 등산하려 했지만, 눈 때문에 산길이 폐쇄되었다는 걸 알게 됐다. 닫힌 푸른색 철문 옆에 앉아 일몰이라도 보려 했지만, 보이는 건 안개뿐이었다.

샬러츠빌에 있는 내 아파트에는 커피 컵들이 불룩하게 쌓여갔다. 모든 컵이 처음에는 따뜻했고 희망으로 가득했다. 나를 이

엉망인 상태에서 빼내줄 소설에, 연애편지에, 만트라에 쓸 딱 적합한 단어를 찾을 수 있으리라는 희망이 있었다. 그러나 매일 하루가 끝날 때면 커피 컵은 그을음으로 무거워져 있었다. 너무 무거워서 들 수도 없었다. 머그컵들이 창틀에 쌓여가기 시작했다. 내가 논문을 다 썼을 무렵, 노란 벽의 다락방 같은 내 아파트는 퀭한 흙냄새를 풍기고 있었다.

나는 시카고로 옮겨 갔다. 친구 헤더가 몇 주 동안은 자기 집 남는 방에서 지내도 되니 거기서 앞으로 뭘 할지 생각해보라고 했다. 믿을 수 없을 만큼 친절한 제안이었다. 나는 시카고가 좋았다. 시카고의 추위가, 시카고의 익명성이. 나는 누구든 될 수 있었다. 컨버스 스니커즈를 신고, 탄산화 생성물이 약간 포함되어 있는 듯한 까끌까끌한 보도를 따라 걸었다. 나는 폴짝 뛰었다. 내가 되고 싶은 사람이 될 수 있을 것 같은 기분이었다. 바람둥이가 아니라, 우울증 환자가 아니라, 우주적 정의가 실행되는 대상이 아니라, 고향에 행복한 가정이 있는 사람이.

그러나 헤더가 남자친구와 시내로 외출한 밤, 도시의 자주색 불빛이 창으로 쏟아져 들어올 때면 나는 그 모든 것의 현실성을 무시할 수 없다는 사실을 깨닫곤 했다. 내 인생에 생긴 공백을, 내가 품은 희망의 빛이 나를 더 따뜻이 데워줄수록 점점 더 넓어지고 차가워지기만 하는 그 공백을 말이다.

그래서였다. 나는 절박했다. 단순하게 말하자. 데이비드 스타 조던의 책에서, 망해버린 사명을 계속 밀고 나아가는 일을 정당화하는 그 정확한 문장을 찾아내는 것이 내게는 절박했다.

7.

파괴되지 않는 것

나에게는 다행히도 뒤져볼 자료가 아주 많았다. 데이비드는 회고록 이외에도 수많은 문서를 남겼다. 동화, 철학 에세이, 시, 풍자적 글, 저널, 어류 안내서, 유머에 관한 책, 절제에 관한 책, 외교에 관한 책, 강의계획서, 사설 등등. 책이 모두 50권이 넘었고 다른 텍스트들도 수백 가지에 이르렀다.

나는 먼저 그가 쓴 동화부터 읽기 시작했다. 아무래도 동화가 도덕적 가르침을 가장 노골적으로 펼쳐놓는 형식일 테니까. 〈독수리와 파란 꼬리 스킹크〉[1]라는 단편동화(스컹크를 생각하지 마시라. 스킹크는 도마뱀이다)에서 독수리 한 마리가 날쌔게 날아 내려와 파란 꼬리 스킹크의 꼬리를 잘라 먹는다. 상처 입은 스킹크는 복수를 위해 독수리의 둥지로 종종걸음으로 올라가 독수리 알을 여러 개 집어삼키고는 '이 알들에는 새 꼬리를 만들기에 딱 충분한 만큼의 고기가 들어 있어' 하고 생각한다. 그리고 둘의 행동은 계속된다. 독수리는 내려와 새로 난 꼬리를 잘라 먹고, 도마뱀은 둥지로 올라가 알들을 먹어 치우는 일이 계속된다. 하지만 둘 중 어느 쪽도 완전히 패배하지 않는다. 왜냐하면 "꼬리에는 더 많은 알을 만들 고기가 충분하고, 알에는 또 하나의 파란 꼬리를 만들 고기가 충분하기" 때문이다.

내게 이 이야기는 복수의 헛됨에 대한 명상처럼 보이기도 하고, 물리학에서 가장 빼도 박도 못할 법칙인 질량보존의 법칙—*질량은 결코 창조될 수도 파괴될 수도 없다*—을 가장 잔인하게 묘사한 이야기 같기도 했다. 그가 쓴 이야기들은 대부분 이런 특징을 갖고 있다. 등장인물들이 우주의 차가운 법칙을 피해갈 수 없는 폐쇄공포증적 세계를 그린다.

또 다른 이야기에서는 바버라라는 이름의 소녀가 어느 날 밤 창문을 통해 숨어 들어온 코요테에게 공격을 받는다.[2] 무시무시한 싸움 장면이 이어지고, 이 싸움은 바버라가 인형 하나를 코요테의 목구멍으로 점점 더 깊이 쑤셔 넣어 마침내 (만화 같은 표현이지만, 부피가 감소할수록 압력은 증가한다는 '보일의 법칙'에 충실하게) 코요테가 재채기를 하고 그의 머리가 펑 터져버리고서야 끝이 난다. 아이들을 위한 이야기에도 정말로 마법 같은 것은 존재하지 않았다. 냉정하고 가혹한 법칙들을 창의적으로 활용하여 얻어낸 생존만 있을 뿐.

동화에서 믿음을 얻기 위한 비법을 찾지 못한 나는 그가 "사이어소피"에 대해 쓴 풍자적인 글들로 넘어갔다. 처음에는 초심리학자°들을 향한 장난스러운 단발성 공격으로 시작되었던 것이, "진실이 아니라는 걸 우리가 분명히 알고 있는데도 굳이 믿으려고 하는 것"[3]은 사회 몰락의 원인이 될 수 있다는 하나의 신념으로까지

° 초심리학parapsychology이란 초감각적 지각, 염력, 예지 같은 심령 현상을 연구하는 학문이다.

발전했다. 데이비드가 마술적 사고 탓으로 돌린 것들 중 몇 가지만 꼽자면 고통, 병, 무지, 전쟁 등을 들 수 있다.[4] 1924년에 《사이언스》에 발표한 〈과학과 사이어소피〉라는 글에서 그는 16세기에 지구가 우주의 중심이 아니라는 사실을 믿었다는 이유로 화형당한 천문학자 조르다노 브루노Giordano Bruno를 영웅으로 칭송했다.[5] 전하는 이야기에 따르면 화형을 당하기 전 브루노는 이렇게 일갈했다고 한다. "무지는 세상에서 가장 유쾌한 학문이다. 아무런 노동이나 수고 없이도 습득할 수 있으며, 정신에 우울함이 스며들지 못하게 해주니 말이다."[6] 그리고 데이비드는 이 인용문을 독자들에게, 만약 그들이 행복을 위한다는 명목으로 받아들이기 어려운 진실을 차단해버린 적이 있다면 그들 역시 브루노를 살해한 자들과 다르지 않다고 경고하고 비난하는 데 사용했다.

그는 갈수록 더욱더 내 아버지와 비슷한 소리를 했다. 인간이 살아가는 방법은 매번 숨 쉴 때마다 자신의 무의미성을 받아들이는 것이며, 거기서 자기만의 의미를 만들어내는 것이라고 말이다. 어디를 들여다봐도 보이는 건 그것뿐이었다. 오만에 대한, 마술적 사고에 대한 엄중한 경고. 예를 들어 진화론에 대한 강의 요강에서도, 우주 앞에서 인간이 얼마나 무력한지를 다룬 섹션 하나를 통째로 끼워 넣은 걸 볼 수 있다. "자연은 인간의 사정을 봐주지 않는다"라고 그는 썼다. "자연에 참견하는 것은 불가능하고… 자연의 법칙은 바꿀 수 없으며… 그 법칙을 거스르는 자는 공기로 된 방망이를 휘두르는 셈이다."[7] 나는 이런 언급들에 함께했을 열정적이고 통렬한 비난을, 공중으로 높이 치켜든 그의 주먹을 그저 상상만 해볼 따름이다. 우주 앞에서 너무나 무력한 그 주먹을.

심지어 절제에 관한 에세이에서도 그것을 찾을 수 있다. 그는 왜 그토록 약에 반대했을까? 그건 약이 사람을 실제보다 더 강력하다고 느끼게 하기 때문이다. 혹은 그의 표현을 빌리자면, 약이 "신경계가 거짓말을 하도록 강요"하기 때문이다.[8] 예를 들어 알코올은 사람들로 하여금 "실제로는 몸이 차가울 때도 따뜻하게 느끼도록 하고, 아무 근거 없이 기분 좋아지게 하며, 인격 수양의 핵심을 차지하는 제한과 자제에서 해방되었다고 느끼게 한다." 달리 말하면, 자신에 대한 낙관적인 관점은 자기 발전에 대한 저주라는 것이다. 자신을 정체시키고 자기 발달을 저해하고 도덕적으로 미숙하게 만드는 길이자 멍청이가 되는 지름길이다.

이런 게 정말 그의 세계관이라면, 그가 그렇게 자기 과신을 경계하는 사람이라면 도대체 어떻게 그런 집요함을 이끌어낼 수 있었을까? 모든 게 사라지고 부서지고 희망이라곤 없는 최악의 날에조차 어떻게 자신을 일으켜 세우고 밖으로 나가게 한 것일까?

마침내 나는 가장 유의미한 단서가 될 만한 것을 손에 넣었다. 그것은 《절망의 철학》이라는 제목의 작고 검은 책이다. 그 책에서 데이비드는 과학적 세계관이 골치 아픈 점은 삶의 의미를 찾고자 할 때 그 세계관이 보여주는 것은 허망함뿐이라는 사실을 고백한다. "우리가 붙인 불은 숯을 남기고 죽는다. 우리가 지은 성들은 우리 눈앞에서 사라진다. 강은 바닥을 드러내고 사막의 모래만 남긴다. (…) 어느 쪽으로 눈을 돌리든 생명의 과정을 묘사하려면 기운 빠지게 하는 은유를 사용할 수밖에 없다."[9]

그러면 어떻게 해야 한다는 말인가?

데이비드는 청교도답게 손을 게으름에서 벗어나게 하라고 권한다. “활동적인 야외 생활과 그로 인해 얻게 되는 건강과 함께”[10] “영혼의 고통은 사라진다.”[11] 그는 우리 몸이 일으키는 전기에 구원이 있다고 주장한다. 비슷한 시기에 쓴 한 강의 요강에서 그는 이렇게 말한다. “행복은 행하고, 돕고, 일하고, 사랑하고, 싸우고, 정복하고, 실제로 실행하고, 스스로 활동하는 데서 온다.”[12] 내 생각에는 너무 많이 생각하지 말라는 것이 그가 말하려는 요점 같다. 여정을 즐기고 작은 것들을 음미하라고 말이다. 복숭아의 “감미로운” 맛,[13] 열대어의 “호화로운” 색깔,[14] “전사가 느끼는 준엄한 기쁨”[15]을 느끼게 해주는 운동 후 쇄도하는 쾌감 등.

이 책의 마지막 부분에서 그는 “당신이 밟고 선 그 땅뙈기가 이 세상에서, 아니 그 어느 세상에서도 당신에게 가장 달콤한 기쁨을 주는 땅이 아니라면 당신에게는 희망이 없다”라는 헨리 데이비드 소로의 말을 인용한 뒤, 분발을 요구하는 ‘카르페 디엠’의 구호를 외치며 독자들을 배웅한다. “그 어디에도 바로 여기, 지금, 오늘만큼 하늘이 파랗고 풀밭이 푸르고 햇빛이 밝고 그늘이 반갑게 맞이해주는 곳은 없다.”[16]

그러면 나쁜 나날을 보내고 있으면 어떻게 하라는 걸까? 데이비드는 나쁜 하루하루를 보내고 있는 사람에게는 동정심을 거의 느끼지 않는다. 《절망의 철학》의 최종 결론은 절망이 선택이라는 것이기 때문이다. 그는 절망이 청소년기에 자연스럽게 거쳐 가는 단계라고 생각하기는 해도 그런 감정을 떨쳐내지 못하는 사람들은 경멸한다. 그는 그런 사람들은 “축 늘어진 정신의 유행”[17]을 따르고, 문학 속 “슬픈 왕들”을 흉내 내는 게으른 모방자들이며, 그들이 “지옥불 같은”[18] 숨결을 내뿜는다고 비난한다. 죽음의 냄새라는 것이다. 그가 말하기를, 그 모든 것의 허망함을 곱씹는 데 시간을 허비하는 것이 몹쓸 짓인 이유는, 진화가 선물한 그 소중한 전기를, 너무나 많은 경이로운 감각들을 느끼고 너무나 많은 과학적 수수께끼를 푸는 데 써야 할 그 신성한 이온들을 실존적 탐구라는 하수구로 흘려보냄으로써 글자 그대로 "몸이 아직 살아 있는데도 죽은 사람"이 되게 하기 때문이다.[19]

나는 익숙한 수치심이 나를 덮치는 것을 느꼈다. 그것은 아버지가 엄청 차가운 호수에 풍덩 뛰어들었다가 개구쟁이 같은 미소를 만면에 띠고 큰 숨을 내쉬며 수면으로 치솟는 모습을 볼 때 느꼈던 바로 그 감정이었다. 나는 왜 아버지처럼 저렇게 살 수 없는 걸까? 내가 잘못하고 있는 게 뭘까? 그 답을 찾으려는 필사적인 마음에 나는 계속 책을 읽으며, 위생과 유머, 외교, 평화주의에 관한 그의 비판문과 시, 강의 노트, 알코올과 립스틱과 전쟁에 관한 논쟁을 뒤졌다. 그리고 마침내, 어느 오후 나는 발견했다. 공포에 대한 해독제, 희망에 대한 처방을 말이다.

그것은 그가 '진화의 철학'이라 이름 붙인 강의 요강의 제일 밑에 묻혀 있었다. 알고 보니 그는 그날 하루의 강의를 내가 풀고자 했던 그 난제, 바로 과학적 세계관을 받아들이는 문제에 바쳤다. "이러한 인생관은 염세주의로 이어지는가?"[20] 강의가 끝나갈 무렵 그는 학생들에게 일종의 마술 같은 주문을 걸었다. 혼돈이 주는 냉기를 떨쳐버리는 한 가지 방법을 말이다. 특별한 활자체로 된 여덟 개의 단어.

생명에 대한 이런 시각에는 어떤 장엄함이 깃들어 있다.

나는 경악했다. 이거였다. 내 아버지가 즐겨 쓰는 바로 그 비법. 오늘날까지도 아버지 책상 위 액자 속에 담겨 있는 바로 그 단어들. 다윈이 외친 투쟁의 권유. 내 아버지와는 다르게—반항적이고, 희망과 신념이 가득한 사람으로—보였던 데이비드지만, 결국 그에게도 내게 알려줄 새로운 건 하나도 없었던 것이다. 내가 늘 들어왔던 말을 또다시 상기시키는 것밖에는.

장엄함은 *존재해.* 네가 그걸 보지 못한다면 부끄러운 줄 알아.

✶ ★ ✶

나는 내가 희망을 품는 데 가장 도움이 되는 일을 하기로 했다. 술을 마시는 것. 레드와인이든 맥주든 위스키든 상관없었다. 나는 여전히 시카고에 머물러 있었다. 시카고에 온 지 두 달이 지나고 있었다. 어느덧 12월이었다. 나는 프리랜서로 어떤 과학 블로그에 글을 쓰고, 할 수 있는 한 많은 라디오 대본을 써 보냈다. 귀뚜라미의 폭력에 관한 글을 보내고, 인간의 폭력에 관한 글, 진드기의 폭력에 관한 글을 보냈다.

헤더와 나는 매일 저녁 요리하고 영화를 보고 때로 이야기를 나누는 것으로 시간을 채웠다. 나는 모든 활동에 알코올음료를 꼭 하나씩 끼워 넣었고, 거기에 하나를 더, 또 하나를 더 끼워 넣었다. *아무 근거 없이 흡족함을* 느끼는 건 아주 기분 좋은 일이었다. 나는 나의 웃음을, 내 미소를 만들어주는 샘을 되찾을 수 있었다. 이튿날 아침잠에서 깨면 역시나 세상은 더욱더 황량하게 느껴졌고, 물론 내 얼굴은 더욱더 부어서 정떨어져 보였지만, 나는 그냥 저녁이 되기를, 그 모든 걸 다시 탄산 거품이 터지듯 보글보글 활기차게 만들 수 있게 될 그 시간이 오기만을 기다렸다.

어느 날 밤 나는 로저스 공원에 있는 어느 바에서 친구 스텐지를 만났다. 우리는 흑맥주를 주문하고 일 얘기를 나누기 시작했다. 그녀는 라디오에서 시를 가지고 방송을 만드는 프로젝트를 진행하고 있었다. 우리는 관념과 단어의 분열에 관해서도 이야기했다. 자신이 쓴 단어들이 다른 사람 앞에서 제대로 된 효과를 내지 못하고 *철퍼덕* 떨어져 내리는 모습을 지켜보는 게 얼마나 힘든 일인지를. 말로 어떻게 표현해야 할지 알 수 없는 생각들을 머릿속에 품고 있는 것이 얼마나 외로운 일인지를. 그리고 자기를 이해해주는 것처럼 보이는 소수의 사람들이 지닌 위험한 힘에 대해서도. 나는 스탠지에게 데이비드 스타 조던과 그 지진과 바늘에 대한 나의 집착을 이야기했다. "그러니까 말하자면 그건 *왜* 그러는지에 관한 집착이야"라고 나는 말했다. "한 사람을 계속 나아가도록 몰아대는 건 뭘까?"

그때 그 친구가 한 말은 "흠"이 다여서 나는 맥이 좀 빠졌지만, 다음 날 오후 이메일을 통해 좀 더 긴 답변을 들을 수 있었다.

> 그리고 네가 말한 그 이야기 말이야. 너무나 소중하고, 너무나 정교한 뭔가를 쌓아 올렸다가… 그 모든 게 다 무너지는 걸 목격한 그 사람… 그 사람은 계속 나아갈 의지를 어디서 다시 찾았을까 하는 그 질문. 계속 가고 싶든 그렇지 않든 어쨌든 계속 가게 만드는, 모든 사람의 내면 가장 깊은 곳에 자리한 그것을 카프카는 '파괴되지 않는 것'이라고 불렀어. 파괴되지 않는 것은 낙관주의와는 전혀 무관해. 낙관주의에 비하면 훨씬 더 심오하고 자의식은

훨씬 덜하지. 우리는 그 파괴되지 않는 것을 온갖 종류의 다른 상징과 희망과 야심 등으로 가리고 있어. 이런 상징과 희망과 야심은 그 밑에 무엇이 있는지 인정하라고 강요하지 않으니까. 음… 만약 그 모든 잉여를 제거한다면(혹은 제거할 수밖에 없게 된다면), 파괴되지 않는 그것을 찾게 될 거야. 그리고 우리가 일단 그것의 존재를 인정하게 되면(카프카는 여기서 더 깊게 들어가. 그는 우리가 파괴되지 않는 것을 낙관적이거나 긍정적인 것으로 생각하게 해주지 않아), 그것은 실제로 우리를 찢어발기고 파괴할 수도 있어.

그래도 어쩔 수 없는 거지….

나는 *파괴되지 않는 것*이라는 말이 마음에 들었다. 경이로운 개념이었다. 왜냐하면 그건 내가 비현실적인 목표를 향해 밀고 나아가는 것이 미친 짓인가 아닌가 하는 질문에 답하지 않아도 된다고 허락해주는 개념이기 때문이다. 그 개념은 단지 내가 그것을 거역한다면 나를 부숴버리겠다고만 약속할 뿐이다. 하지만 나는 그것이 데이비드 스타 조던에게 잘 들어맞는다고는 생각하지 않았다. 파괴되지 않는 것은 바보들이 겪는 고통처럼 보였다. 바보들, 낭만주의자들, 슬픈 왕들을 사랑하는 흉내쟁이들, 내면의 열정이라는 연료가 너무 강력하게 피어올라 현실감각이 안개처럼 흐려진 사람들. 그런데 데이비드 스타 조던이 그런 사람이던가? 절대 아니다. 그가 평생 전념해온 일은 그런 열정 때문에 눈앞을 가리는 안개를 닦아서 *없애*는 것이었으니까.

하지만 나는 확인하고 싶었다. 그래서 다시 그의 회고록으로 돌아갔다. "파괴되지 않는 것"이라는, 아마도 그전까지는 내게 불활성 상태로 있었을 개념에 생기를 불어넣은 이 새로운 단어로 무장한 채, 나는 그 개념이 데이비드가 쓴 글들 속 어딘가에 잠복해 있을지도 모른다고 생각하고 그 증거를 찾아 나섰다. 나는 루퍼스의 죽음에 관한 부분, 수전의 죽음, 바버라의 죽음, 번개, 지진에 관한 부분을 다시 읽었고, 마침내 그것을 보았다.

그 증거는 긴 발췌문 속에 묻혀 있었다. 지진이 있고 겨우 며칠밖에 지나지 않았을 때, 아직 상처가 아물지 않은 채 샌프란시스코가 입은 피해의 규모를 조사하려 애쓰고 있을 때 데이비드 본인이 쓴 개인적인 에세이°에서 발췌한 글이었다.

> 사람이 계획을 세우고 창조하기 시작한 이래, 사람이 노력해서 이룬 결과가 그토록 처참하게 파괴된 일은 한 번도 없었다. 엄청난 규모의 재앙 앞에서 그렇게 푸념하지 않는 인간을 만난 일은 한 번도 없었다. 평범한 한 남자가 자기 자신에게 그토록 희망차고, 그토록 용감하며, 그토록 자신과 자신의 미래를 확신하는 모습을 보여준 일은 그전엔 결코 없었다. 왜냐하면 결국 살아남는 것은 사람이고, 운명의 형태를 만드는 것도 사람의 의지이기 때문이다.
>
> 사람은 결코 흔들리지 않으며 불에 타지 않는다는 것, 그것이 그 지진과 화재가 준 교훈이다. 그가 지은 집은 무너지기 쉬운 카드로 지은 집이지만, 그는 집 밖에 서 있고 다시 집을 지을 수 있다.

° "Life's Enthusiasms," Beacon Press, 1906.

위대한 도시를 건설하는 것은 경이로운 일이다. 그보다 더 경이로운 일은 도시가 되는 것이다. 도시란 사람들로 이루어지며, 사람은 영원히 자신이 창조한 것들보다 높이 올라가야 한다. 사람의 내면에 있는 것은 그가 할 수 있는 모든 일보다 더 위대하다.[21]

이 얼마나 경이롭고 분발을 요구하는 투쟁의 권유인가. 이 얼마나 영광스러운 위로이자, 어깨를 움켜쥐는 손길인가. 그런데 작은 문제가 하나 있다. 그가 쓴 단어들을 자세히 들여다보면 당신도 그 문제를 발견할 것이다. 그 진주알을 만든 최초의 작은 모래알 하나가 거짓말이라는 것을.

운명의 형태를 만드는 것은 사람의 의지다.

이 말은 그가 자기 자신에게 결코 하지 않겠다고 약속했던 바로 그런 종류의 거짓말이다. 사악함으로 이끌어가는 것이라고 그가 경고했던 그런 종류의 거짓말. 자기 경력을 바쳐 맞서 싸워왔던 그런 종류의 거짓말이자, 그가 죽기를 각오하고 싸울 가치가 있다고 말했던 그런 종류의 거짓말이다. *자연은 인간의 사정을 봐주지 않으니까!* 그조차도 절망에 완전히 집어삼켜지지 않으려면 그 거짓말이 진실이기를 믿어야만 했던 것이다.

8.

기만에 대하여

데이비드가 연구실 바닥에서 유리 파편을 쓸어 담고 있을 때, 부서진 자기 인생의 조각들을 다시 이어 붙이려는 노력을 끌어내고 있을 때 그가 자신에게 속삭인 건 거짓말이었다.

운명의 형태를 만드는 것은 사람의 의지다.

그동안 그가 주장해온 모든 것을 생각해볼 때, 이 거짓말을 알게 된 것 자체가 내게는 충격이었다. 그러나 데이비드가 결국에는 자신의 컬렉션에서 아주 많은 부분을 살려냈다는 사실, 한 세기가 넘게 지난 오늘날까지도 수천 개의 표본이 남아 있다는 사실을 생각해보고, 아주 다양한 기준으로 볼 때 데이비드 스타 조던의 인생이 결국 비범할 정도로 성공적인 인생—두 아내, 학장직, 상, 개를 타고 다니는 원숭이와 라틴어를 말하는 앵무새, 분류학을 사랑하는 자식들이 가득한 에덴동산까지—이었다는 점을 생각해보니, 자기기만이라는 게 과연 그렇게 *나쁜 일인가* 하는 궁금증도 생겼다. 어쩌면 데이비드와 나의 아버지는 자기기만에 대해 그렇게 도덕주의적 잣대를 들이대고, 어떤 희생을 치르더라도 반드시 피해야 하는 죄라고 비난할 필요까지는 없었을지도 모르겠다.

나는 도덕에 관한 나의 판단은 잠시 보류해두고 전문가들은 이 문제에 관해 뭐라고 이야기하는지 알아보기로 했다. 자기기만이 데이비드와 내 아버지가 경고한 것만큼 그렇게 위험한 것인가 하는 문제 말이다.

오랫동안 사회의 도덕적 권위자들은 *그렇다*고 말해왔다. 내가 알기로 성서는 자기기만을 경멸하고, 오만을 대죄라 부르고, 오만을 부리지 않는다면 가장 좋은 것을 얻게 될 거라면서, *온유한 자가 땅을 상속받을 것*이라고 약속했다. 고대 그리스인들도 오만에 반대한 것으로 유명하다. 이카로스는 태양에 밀랍으로 만든 날개 깃털이 녹는 바람에 하늘에서 떨어졌다. 계몽주의 시대에 볼테르는 낙관주의가 고통을 직시하지 못하게 만드는 음흉한 해악이라고 비난했다. 20세기에는 의학 전문가들이 일치된 의견을 내놓았다. 지그문트 프로이트, 에이브러햄 매슬로, 에릭 에릭슨 같은 영향력 있는 심리학자들은 자기기만을 정신적 결함이자 시각에 생긴 문제여서 치료로 교정해야 한다고 보았다.[1] 반면 정확한 시각은 "정신의 건강을 보여주는 표지"[2]라고 여겼다.

그러나 20세기가 기운차게 달려가는 동안, 임상심리학자들은 이상한 일들을 목격하기 시작했다. 그들이 볼 때 더 건강한 환자들, 인생을 더 쉽게 살아가는 사람들, 좌절을 겪은 뒤에도 재빨리 회복하는 사람들, 직업과 친구, 연인을 얻고 인생이라는 회전목마에서 황금기를 달리고 있는 사람들은 장밋빛 자기기만이라는 특징을 지니고 있는 것처럼 보였다. 그리하여 1970년대부터 연구자들은 그것이 사실인지 확인해보기 위해 실험을 시작했다. 실제로 정신적으로 건강한 사람들은 자신을 실제보다 더 매력적이고, 남들을 더 잘 도우며, 더 지적이고, (주사위를 던지거나 복권 번호를 뽑는 것 같은) 우연한 사건들을 가능한 정도보다 훨씬 더 잘 통제하는 사람으로 평가한다는 것이 꾸준히 확인됐다. 그 사람들은 과거를 돌아볼 때도 자기가 실패한 것보다 성공한 것들을 훨씬 더 쉽게 기억해냈다. 미래를 내다볼 때는 친구들이나 급우들보다 자신이 성공할 가능성을 훨씬 더 크게 잡았다.[3]

반면 그토록 칭송받던 정확한 인식이라는 미덕을 지닌 사람들은 어떨까? 짐작했겠지만 그들은 병적인 수준의 우울증에 걸렸다. 그들은 살아가는 일을 힘들어했고, 좌절을 겪은 뒤에는 회복이 더 어려웠으며, 일과 사람들과의 관계에서도 종종 더 많은 문제를 일으켰다.[4]

그리하여 《정신질환 진단 및 통계 편람Diagnostic and Statistical Manual of Mental Disorders》은 몇 차례에 걸쳐 수정되었다. 몇 가지는 건강하지 않은 특징들 항목에서 건강한 특징들 항목으로 옮겨졌다. '기만'이라는 용어는 '긍정적 착각'이라는 중립적 표현으로 바뀌었다. 1980년대 말에 이르자 약간의 자기기만은 강한 정신력에 더 유익하다는 사실이 널리 받아들여졌다. 이는 주로 심리학자 셸리 테일러Shelley Taylor와 조너선 브라운Jonathon Brown이 쓴 매우 영향력 있는 논문 덕분이다. 이 논문에서 그들은 긍정적으로 왜곡된 세계관을 갖고 살아갈 때 얻을 수 있는 다양한 이점을 보여준 200가지가 넘는 연구를 검토하고 정리했다.[5]

여기까지는 이미 많이 들어본 이야기일 것이다. 하지만 다음 이야기는 모를 수도 있다. 현실에 대해 건강한 태도를 취하는 관점이 바뀌면서 심리치료 방법에도 변화가 생겼다는 것 말이다. 많은 치료사들이 "스토리 에디팅" 또는 "리프레이밍reframing"○이라는 기법을 사용해 환자가 자신에 대한 인식을 좀 더 긍정적인 빛으로 물들이도록 부드럽게 유도하기 시작했다. 이때 핵심은 자기기만이 적당한 수준이어야 한다는 것이다. 다수의 연구가 밝혀낸바, 극단적 부인이나 기만은 오히려 적응에 해롭다고 나타났다. 그러나 순한 거짓말, 하얀 거짓말, 작은 장미봉오리 같은 거짓말은 무척 이로운 효과를 낼 수 있다. 요컨대 힘들어하는 어떤 사람을 붙잡고 그 사람이 자신에 관해 품고 있는 이야기를 약간 더 긍정적인 이야기—그가 실제보다 조금 더 강한 사람, 실제보다 더 친절한 사람으로 그려지는 이야기, 연인과의 이별에서 자신의 잘못이 겉보기만큼 그렇게 크지 않게 보이는 이야기—로 이끌어갈 수 있다면, 그 사람의 인생에 *심오한* 영향을 미칠 수 있다는 것이다.

버지니아대학의 심리학자 팀 윌슨Tim Wilson은 이야기를 살짝 조정하는 것으로 한 사람의 인생을 바꿔놓을 수 있다는 점에 감명받아 그중 가장 극적인 결과들을 모아 《방향 바꾸기Redirect》라는 책을 펴냈다. "스토리 에디팅"을 받은 대학생들은 더 높은 학점을 받고, 중퇴하는 비율이 줄었으며, 심지어 여러 해 뒤에는 건강이 더 좋아졌다. 직장인들은 출근하는 비율이 더 높아졌다. 또 정신적 충격을 입은 사람들에게 자신에게 벌어진 그 사건에 대해 이야기를 수정하도록 가르치자 평온한 감정을 회복하는 시간이 더 빨라졌다.[6]

"자신에게 거짓말을 하는 것이 괜찮을까요?" 내가 윌슨에게

○ 경험이나 사건을 바라보는 관점을 바꾸는 일. 특정 관점에 따른 해석 때문에 괴로운 경우, 치료의 효과나 더 건강한 삶의 태도를 얻을 수 있는 한 방법이다.

물었다.

"해로울 게 뭔가요? 두려움을 잠재워주고, 미래에 적응을 방해하는 행동으로 이어지지 않는다면 나는 아무 문제 될 게 없다고 봐요."

"작은 거짓말이 큰 효과를 낸다고요?"

"물론이죠!"[7]

* * *

마치 모든 게 다 들어 있는 메리 포핀스의 마법 가방처럼 긍정적 착각이 가져다주는 온갖 좋은(마음 깊이 느껴지는 잘 살고 있다는 느낌, 일과 인간관계에서 더 많은 성공, 심지어 더 좋은 신체 건강까지[8]) 이야기들[9]을 찾아 읽는 동안, 어쩌면 내가 개미보다 나을 게 없으니 겸손해야 한다는 주장을 고수하느라 아버지가 나를 쓸데없이 헤매게 한 것인지도 모른다는 생각이 들었다. 어쩌면 진화가 우리에게 준 가장 위대한 선물은 "우리는 실제보다 더 큰 힘을 지니고 있다"는 믿음을 품을 수 있는 능력인지도 모른다.

심리학자들은 인간으로 산다는 건 가혹한 운명이라고 설명한다. 실제로 우리는 세상이 기본적으로 냉담한 곳이라는 것을 잘 알고 있다. 우리가 아무리 열심히 노력해도 성공은 보장되지 않고, 수십만 명을 상대로 경쟁해야 하며, 자연 앞에서 무방비 상태이고, 우리가 사랑한 모든 것이 결국에는 파괴될 것임을 알면서도 이렇게 살아가고 있으니 말이다. 하지만 작은 거짓말 하나가 그 날카로운 모서리를 둥글게 깎아낼 수도 있고, 인생의 시련 속에서 계속 밀고 나아가도록 도와줄 수도 있으며, 그 시련 속에서 가끔 우리는 우연한 승리를 거두기도 한다.

소용돌이치듯 지나간 1980년대에는 자녀의 자존감을 부풀려줄 스냅팔찌와 형광색 티셔츠, 육아 도서들이 팔려나갔다. 전에는 미심쩍은 눈길을 받던 것이 이제는 심리학자들의 상담실에서 처방되었고, 교육 안내서에도 열성적으로 실렸으며, 초등학교 교과과정에도 포함되었다.[10]

1990년대에는 포그스 딱지 게임과 매직 카드가 등장했고, 국립정신건강연구소 보고서에 다음과 같은 선언이 등장했다. "별 근거는 없더라도 막연하게 자신의 미래가 낙관적일 거라고 믿는 사람들에게는 심리적으로 긍정적인 혜택이 따른다는 것을 보여주는 증거가 상당히 많다. 이러한 낙관론은 긍정적인 기분을 유지하게 해주며, 미래의 목표를 이루기 위해 노력하도록 동기를 불어넣고, 창조적이고 생산적인 일을 하도록 북돋우고, 자신의 운명을 통제하고 있다는 느낌을 안겨준다."[11]

2000년대 초에 앤절라 더크워스Angela Duckworth라는 한 고등학교 수학교사는 심리학 박사가 되기로 결심했다. 여러 해 동안 더크워스는 왜 어떤 학생은 다른 학생들보다 공부를 더 힘들어하는지 그 이유가 궁금했다.[12] 성취도가 높은 학생들에게는 무슨 비밀이 있는지 알아내고 싶었다. 몇 년 뒤 더크워스는 그 비밀의 요소라 여겨지는 한 가지 특징을 발견하고 그 특징에 '그릿Grit'(끈질긴 투지)이라는 이름을 붙였다. 그릿. 끈질김을 뜻하지만 그보다 귀에 착 붙는 단어, 그릿. "긍정적 피드백"이 없는데도 "매우 장기적인 목표"에 로봇처럼 뛰어들게 해주는 것,[13] 그릿. 머리로 벽을 반복적으로 들이받을 수 있는 능력. 더크워스는 웨스트포인트(미 육군사관학교) 사관생, 최고경영자, 뮤지션, 운동선수, 셰프 등 거의 모든 직업에서 정상에 선 사람들에게서 그릿을 발견했다.[14] 재능, 창의력, 친절함, IQ는 다 잊어라. 순수한 그릿이야말로 앞으로 나아가게 해주는 바로 그것인 것 같았다.

그렇다면 어떤 인지적 결함이 그릿을 획득하는 데 도움이 될까? 바로 긍정적 착각이다.[15] 다른 연구들도 마찬가지로 긍정적 착각을 갖고 있는 사람이 좌절을 겪은 뒤에 낙담할 가능성이 적다는 것을 보여주었다.[16] 그릿이란 여러 특성들이 섞인 칵테일 같은 것이지만, 그중 가장 중요한 특징이 바로 이것이다. 좌절을 겪은 뒤에도 계속 나아갈 수 있는 능력, 자신이 추구하는 것이 이루어지리라는 증거가 전혀 없는데도 계속 해나갈 수 있는 능력, 또는 더크워스의 표현을 빌리면 "실패와 역경, 정체에도 불구하고 수년간 노력과 흥미를 유지하는 것"[17] 말이다.

그릿의 가장 좋은 부분이자 가장 희망적인 속성이며, 아메리칸드림과도 가장 잘 들어맞는 지점은 이것이 생물학적 기반에서 나오지는 않았을 것이라는 생각이다. 꿈을 현실로 만들어주는 그릿이라는 이 마술적인 특성은 가르쳐서 기를 수 있다는 것이다! 지금 아마존에서 '그릿'을 검색해보면 방법을 알려주는 기나긴 책 목록을 보게 될 것이다.

《그릿: 포기하고 싶을 때 계속하는 방법》

《그릿: 꾸준히 해내고 번창하고 성공하는 데 필요한 것에 관한 새로운 과학》

《그릿에서 그레이트로: 끈기, 열정, 결단은 어떻게 평범한 당

신을 비범하게 만드나》

심지어 작은 약병도 하나 올라와 있다. 형광 초록색으로 "진정한 그릿 테스트 부스터"라고 적힌 까만 약병. 그 안에는 "체육관에서부터 길거리까지" 당신의 신체적 기량을 향상시켜줄 "과학을 기반으로 하고 연구가 뒷받침하며 모든 내용을 공개한 결과 지향의 보조제" 120알이 들어 있다.

✶ ✶ ✶

내가 제일 먼저 보았던 데이비드 스타 조던의 사진을 생각했다. 마구 뻗친 백발과 강경한 눈빛을 한 그 사진 말이다. 그가 자랑하던 "낙천성의 방패"를, 아무리 안 좋은 날에도 "노래를 흥얼거리며 회랑을 거니는" 데이비드를 볼 수 있었다는 동료의 말이 떠올랐다. 여러모로 그는 전형적인 그릿의 대표주자로 보인다. 데이비드는 더크워스가 내린 그릿의 정의를 거의 그대로 복창하듯 자신을 이렇게 묘사했다. "나는 바라는 목표를 향해 끈질기게 일하고 그런 다음 결과를 차분히 받아들이는 데 익숙해졌다. 나아가 나는 일단 일어난 불운에 대해서는 절대 마음 졸이지 않았다."[18]

실제로 그의 생애를 들여다보면 벌어지는 불행을 실시간으로 막아내는 모습을 볼 수 있다. 그는 디즈니의 룸펠슈틸츠헨 캐릭터와 좀 비슷하다. 어떤 거부나 모욕이나 실패도 받아들여 그것을 마치 마법처럼 칭찬으로 바꿀 수 있다는 점에서 말이다. 회고록의 한 부분에서 그는 여러 실패를 아무렇지 않게 칭찬의 꽃다발로 바꿔놓는 재주를 선보인다. 대학 때 그는 식물학 분야에서 어떤 상의 수상 후보로 올랐다가 탈락했는데, 그의 설명에 따르면 자신의 사고가 표준화된 시험이 포착하기에는 너무 광범위하기 때문이라고 했다. 또 곤충학 분야에서 상을 받지 못한 이유는 자기가 너무 아량이 넓어서였으며(더 가난한 학생이 상금을 받을 수 있도록 "물러섰다"는 것이다), 프랑스사에서 상을 받지 못한 것은 자기가 너무 윤리적이기 때문(상의 규칙이 "불공정"하다고 판단해 스스로 시도할 기회를 박탈했단다)이라고 했다.[19] 데이비드 스타 조던에 관한 논문을 쓴 역사가 루서 스피어도 똑같은 현상을 눈여겨보았고, 데이비드가 자신의 이미지를 해칠 수 있는 정보는 교묘하게 편집하거나 삭제하는 재주가 있음을 포착했다.[20]

데이비드가 잠재적으로 자기 인격에 가해질 공격을 능수능란하게 막아내는 걸 보면 참으로 놀랍다. 보고 있으면 숨이 가쁠 정도다. 마치 곡예사가 공중을 가로지르며 도저히 불가능할 것 같은 동작으로 몸을 뒤집고 돌리는 모습을 보는 것만 같다.

그렇다면 자기가 아끼는 찰리가 성적 과오를 범했다는 치욕스러운 사실을 맞닥뜨린 그를 한번 떠올려보자. 이런 일에 제대로 대처하는 것이 가능할까? 추락하지 않고 계속 공중에 떠 있을 수 있을까? 그 사실 때문에 자신 및 자신과 얽힌 인물들에 대한 그의 높은 평가에 구멍이 뚫리지는 않을까? 그런데 그는 난데없이 어디선가 나타난 공중그네를, 손잡이를, 자신을 계속 띄워줄 어떤 방법을 찾아냈다. 그는 찰리의 행실에 관해 비난하는 이를 오히려 "성도착자"라고 비난했다.[21] 그러자 찰리에 대한 비난은 그냥 그렇게 슉 하고 사라진다! 제인 스탠퍼드가 그의 족벌주의를 비난하자 그는 "교수직 지원서들로 가득한 트렁크"[22]를 한 번도 열어보지 않은 것은 인정했지만, 그것은 대학에 *도움을 주려고* 한 일이었다고 말한다. 자신의 친구들이 전국에서 가장 훌륭한 과학자들인데, 모르는 사람들을 검토하는 게 무슨 소용이 있느냐는 것이다. 짠! 이렇게 비판은 다시 그의 미덕의 증거로 탈바꿈한다.

데이비드가 하는 짓을 보고 있으면 비판받을 때 그 비판의 따가움을 한 번이라도 느낀 적이 있는지 궁금해진다. 혹시 그 믿음직한 방패로 막아내는 데 너무 능숙해져서 비판의 가시가 한 번도 그의 심장에 가닿지 않았던 것은 아닐까?

어느 쪽이든 그 방패는 그에게 효과가 있었다. 그는 아내 수전을 잃고 재빨리 또 다른 아내 제시를 얻었다. 물고기 컬렉션을 잃었지만 규모가 더 큰 컬렉션을 재구축했다. 그리고 점점 더 높은 직책으로 승진했다. 가르치는 일에 대해, 어류학에 대해, 고등교육에 기여한 일에 대해 상들과 메달들이 요란하게 쏟아져 들어오기 시작했다. 기만의 기이한 연금술이 바로 눈앞에서 펼쳐졌다. 작은 거짓말들이 동으로, 은으로, 금으로 변했다. 겸손을 유지하라는 수천 년 이어져온 경고는 잊어라. 어쩌면 이것이 신이 없는 세계의 시스템이 작동하는 방식인지도 모른다. 데이비드 스타 조던은 지속적으로 오만을 복용하는 것이야말로 실패할 운명을 극복하는 최선의 방법임을 보여주는 증거인지도 모른다.

* * *

"모든 시대에는 그 시대가 가져 마땅한 미치광이들이 생겨난다."[23] 영국의 역사가 로이 포터Roy Porter가 언젠가 쓴 말이다.

그러면 우리는 어떻게 될까?

이 나라는 우리 아이들에게 현실을 무시하는 게 편리할 때는 무시하도록, 앞으로 계속 나아가는 데 필요하다면 어떤 말이든 자신에게 속삭이도록 프로그래밍하고 있다. 그런데 장밋빛 렌즈를 끼고 살아가는 일이 불리하게 작용하기도 할까?

알고 보니 어느 작은 연구자 집단이 세계 곳곳에서 바로 이 의문을 풀기 위해 조사를 하고 있었다. 이들이 쓴 방법을 상상해보면 재미있다. 이 연구자들은 클립보드를 손에 들고 자만심 강한 사람들을 직장과 학교에서 따라다니며 그들이 사람들과의 관계에서 보이는 모든 사소한 기벽들을 기록하고 집계했다. 이렇게 해서 그들이 내놓은 결과를 보면, 긍정적 착각이 순전히 좋은 결과만 가져온다고 믿기가 꺼림칙해진다.

델로이 폴허스Delroy Paulhus는 대학생들이 처음에는 자존감이 높은 학생들에게 끌리지만 시간이 가면서 그들에게 싫증을 내고 그들을 더 부정적으로 평가한다는 것을 발견했다.[24] 토마스 차모로-프레무지크Tomas Chamorro-Premuzic는 직장에서 과도한 자신감을 보이는 것이 장기적으로는 고용 안정성을 더 떨어뜨릴 수 있음을 알게 됐다.[25] 긍정적 착각이 더 나은 신체 건강과 상관관계가 있음을 보여주는 연구들 중 가장 널리 인용되던 한 연구는 그 결과를 무색하게 만들 정도로 많은 오류를 담고 있었던 것으로 밝혀졌다.[26] “자기고양self-enhancement”에 관한 수백 건의 연구를 메타 분석한 마이클 더프너Michael Dufner는 과도한 자신감을 보이는 사람들의 자기과시가 다른 사람들을 소외시키는 결과를 낳지만 정작 자신은 그 사실을 알아차리지 못하는 경우가 많아서, 결국 공동체 안에서 좋은 평판을 받을 때 얻을 수 있는 혜택을 놓치기도 한다는 걸 발견했다.[27] 이를테면 도구를 빌리거나 파티에 초대받거나 좋은 일자리를 소개받을 기회가 줄어들 수 있다는 것이다.

사회적인 측면에서만 손해를 보는 게 아니다. 자기기만의 두꺼운 거품벽 안에 있으면 고통이 서서히 축적될 수 있다. 윌버타 도노반Wilberta Donovan은 아기 엄마들이 자신에게 통제력이 있다는 착각이 심할수록 아기가 울음을 그치지 않을 때 우울한 엄마들보다 막막함을 더 심하게 느낀다는 것을 알아냈다.[28] 리처드 로빈스Richard Robins와 제니퍼 E. 비어Jennifer E. Beer는 4년에 걸쳐 대학생들을 관찰하면서, 긍정적 착각을 더 많이 하는 학생들이 단기적으로는 (자신이 과제에서 실제로 낼 수 있는 것보다 더 좋은 결과를 낼 거라고 생각했기 때문에) 더 행복했으나, 시간이 지날수록 그들의 평온 지수는 급감한다는 걸 밝혀냈다. 로빈스와 비어는 그들이 스스로 실망을 자초하는 것이라고, 즉 "단기적으로 혜택을 얻는 대신 장기적으로 비용을 치르는" 것이라고 설명했다.[29] 다시 말해서 기만은 나중에라도 대가를 치르게 된다는 것이다. 장밋빛 렌즈의 힘에는 한계가 수반된다. 그리고 그 힘이 떨어지면 자신이 무력하다는 사실을 정말로 따끔하게 받아들여야 한다.

나는 이 심리학자들이야말로 어중이떠중이들이 모여 "낮은 자존감"을 조용히 응원하는 치어리더들이라고 생각한다.

그들의 응원용 수술은 축 처져 있다.

그들은 속삭이는 소리로 작게 응원한다.

***겸손**하게 굴어! **우울해** 하라고!*

누가 최고야?

넌 아냐!

그리고 고개를 떨구고 있는 그들의 응원단장은 아마도 로이 바우마이스터Roy Baumeister일 것이다. 그는 공격성의 심리적 원인을 추적하기 시작하면서 이 주제로 들어오게 된 심리학자다. 그의 설명에 따르면, "공격성의 바탕에는 낮은 자존감이 있다"는 것이 전통적인 상식이지만 그는 그 상식이 사실인지 아닌지 확인하고 싶었다.[30] 그래서 자존감의 정도가 서로 다른 한 무리의 대학생을 모아놓고 그들을 모욕한 다음 누가 공격적으로 반응하는지 지켜보았다.[31] 이때 폭력성은 남들에게 매우 불쾌한 말을 퍼부을 때 목소리의 크기로 측정했다. 시끄럽게 폭발하느냐 그리 시끄럽지 않게 폭발하느냐, 그것이 문제였다. 곧 바우마이스터는 충격적인 현상을 목격했고, 그 현상은 그를 몹시 심란하게 만들었다. 왜냐하면 이미 아이들의 자존감을 부풀리기 위한 대대적인 노력을 기울인 뒤에 발견한 일이었기 때문이다.

실제로 공격적으로 치고 나온 이들은 자신에 대한 과대망상적 시각을 갖고 있는 학생들이었다.[32] 우울한 사람들은 줄곧 알고 있던 그 사실을 바우마이스터와 동료 브래드 J. 부시먼은 그제야 발견한 것일 뿐이다. 자존감이 낮은 사람에게 "넌 구려!"라고 말한다면 그들은 "네 말이 맞아"라고 말하고 다시 덮개 밑으로 들어가 버릴 것이다. 그런 모욕을 사실이 아니라고 판단하고 반격하는 귀찮음을 감수할 만큼 자신에 대한 믿음이 충분한 이들은 이미 자존감이 두둑한 이들이다.

바우마이스터와 부시먼은 이렇게 썼다. "공격적인 사람들은 대개 자신을 매우 높게 평가하는 이들이며, 이에 대한 증거는 민족주의적 제국주의, '지배자 민족' 이데올로기, 귀족들의 결투, 학교에서 약자를 괴롭히는 아이들, 길거리 깡패들의 언어 구사 등에서 볼 수 있다."[33]

또 하나 특기할 사항은 긍정적 착각 지수가 높게 나올 법한 이들 중 많은 수가 데이비드 스타 조던의 특이한 기벽 하나를 공유한다는 점이다. 그것은 바로 자기 손으로 혼돈을 통제할 수 있다는 믿음이다. 피델 카스트로는 언젠가 쿠바를 허리케인으로부터 보호하기 위해 쿠바 주위로 방어벽을 짓자고 제안했다.[34] 유리 루시코프 전 모스크바 시장은 구름 위에 시멘트 가루를 뿌려서 눈이 내리지 못하게 만들고 싶어 했다.[35] 시멘트 장벽 하니 생각나는데, 한때 미국에도 콘크리트나 강철로[36] "물리적으로 인상적인"[37] 벽을 세워 바람처럼 불가피하고 또한 고마운 것이기도 한 자연의 힘으로부터 미국을 보호하고 싶어 한 권력자가 있었다.

바우마이스터와 부시먼은 높은 자존감이 모두 나쁜 건 아니라는 점도 재빨리 덧붙였다. 그들은 높은 자존감도 아주 좋은 것일 수 있다며, 활짝 편 손바닥을 높이 들어 보이면서 해명해야 하는 상황을 자주 겪었다. 자존감이 높은 사람은 자기 자신을 아주 편안하게 받아들이며, 비판을 받아도 자기 가치가 위협받는다고 느끼지 않으므로 높은 자존감은 당사자를 기이할 정도로 평화롭게(그들의 표현으로는 "이례적으로 비공격적으로") 만들 수도 있다고 했다. 그들은 자존감이 높기는 하지만 자존감에 대한 *위협을 쉽게 느끼*는 극히 소수의 사람만이 위험한 이들이라고 생각했다.

바우마이스터와 부시먼은 이렇게 썼다. "쉽게 말해서 가장 위험한 사람은 자신을 우월한 존재라고 보는 사람들이라기보다 자신을 우월한 존재로 보고 싶다는 욕망이 강한 사람들이다. (…) 거창한 자기상을 확인받는 일에 집착하는 사람들은 비판당하는 것을 몹시 괴로워하며 자기를 비판한 사람을 사납게 공격하는 것으로 보인다."[38]

나는 스탠퍼드에서 보았던 그 오싹한 물고기, 데이비드 스타 조던이 직접 자신의 이름을 붙인 유일한 바닷물고기를 다시 떠올렸다. 서로 반대쪽에 위치한 두 면이 돌돌 말리듯 어디서 만나는지도 모르게 하나로 합쳐지는 뫼비우스 띠 모양의 그 가시 박힌 용 말이다. "모서리가 없는 조던." 그가 선택한 이 물고기에 어떤 메시지가 숨어 있는 걸까? 그의 매력 아래 도사린 어두운 면에 대한 인정일까?

루서 스피어는 이렇게 썼다. "조던의 재능 중 특히 양날을 지닌 재능은 자기가 옳은 일을 하고 있다고 자신을 설득하고, 그런 다음 무한해 보이는 에너지로 목표를 추구하는 능력이다. (…) 그는 자신의 관용과 관대함을 자랑스러워했다. (…) 하지만 조던은 파리 한 마리를 잡는 데 대포알을 쓰는 것도 마다하지 않았다."[39]

9.

세상에서 가장 쓴 것

Why Fish Don't Exist

1905년으로 돌아가보자. 샌프란시스코 지진이 일어나기 1년 전으로. 데이비드의 물고기 컬렉션이 여전히 높이 쌓여 있지만 그의 학장직은 곧 무너질 것처럼 보이던 때로. 이때 제인 스탠퍼드의 스파이는 데이비드가 섹스 스캔들을 "덮어버리고", "갱단" 두목처럼 대학을 운영한다고 비난하는 보고서를 써 보냈다.[1] 그 보고서는 이사회에도 전해졌고, 제인이 곧 그를 해고할 거라는 소문이 횡행했다.[2]

그러니 그해에 접어들고 겨우 2주가 지났을 때 제인이 독이 든 물을 마신 것은 참으로 공교로운 타이밍이다. 보도에 따르면 1905년 1월 14일 제인은 샌프란시스코 저택에서 잠자리에 들기 전에, 평소처럼 주방에서 '폴란드 스프링' 생수를 담아둔 물통에서 물을 따라 벌컥벌컥 마셨다고 한다. 뭔가 몹시 심상치 않은 떫은맛을 느낀 제인은 곧바로 목구멍으로 손가락을 쑤셔 넣어 마신 물을 토해냈다. 그리고 조수인 버사와 엘리자베스를 불러 도움을 청했다. 제인을 진정시킨 뒤 두 사람도 물맛을 보고는 "기이하고" "쓴"[3] 맛이 난다는 것을 알아차리고 근처에 있는 한 화학자에게 물통을 가져갔다. 물을 분석한 화학자는 치사량의 스트리크닌이 포함되어 있음을 발견했다.

제인은 목숨을 구했지만 당연히 큰 충격을 받았다. 형사는 단서를 찾지 못했다. 수사는 오직 하녀와 요리사, 비서, 전 집사까지 집 안에서 일하는 사람들에게만 초점이 맞춰져 진행되었고 결국 그들은 모두 혐의를 벗었다.[4] 지역 언론 《샌프란시스코 이그재미너San Francisco Examiner》에서 독살자의 의도를 추측해달라는 의뢰를 받은 한 소설가는 제인의 아랫사람 중 하나가 "고용주의 지적 결함과 그 밖의 결함에 대해" 아주 오랫동안 "곱씹다가", "자신에게 사슬을 채운 예속 상태에 대한 분노에서 생겨난 경멸"이 "살인적인 증오"로 자라나 그런 일을 했을 거라고 추측했다.[5]

어딘가에 자기가 죽기를 바라는 누군가가 있다는 것은 알지만 그게 누구인지는 모르는 제인은 열대지방에서 몇 주 보내면서 심신이 안정되기를 바라며 하와이로 떠났다.[6] 제인은 오랫동안 비서로 일했던 버사와 새 하녀 메이를 데리고 갔고, 그들은 모아나 호텔에 객실 두 개를 얻었다. 모아나 호텔은 와이키키 해변 바로 앞에 이오니아식 기둥과 정교하게 장식된 발코니, 전기 엘리베이터가 설치된 사치스러운 새 휴양 시설이었다.

기상 데이터에 따르면, 제인의 인생 마지막 날의 날씨는 아주 아름다웠다.[7] 맑은 하늘에 최고기온은 섭씨 15도 이상이었다. 하와이에서 지낸 지 일주일쯤 지나서 제인과 두 수행원은 마차를 타고 팔리 전망대Pali Lookout에 가서 경치를 즐기기로 했다. 그들은 호텔 주방 직원들이 마련해준 피크닉 바구니를 가져갔다. 거기에는 갓 구운 신선한 진저브레드와 완숙으로 삶은 계란, 고기와 치즈 샌드위치, 초콜릿과 커피가 담겨 있었다.[8] 그들은 그늘에 앉아 바다의 경치를 즐기며 간식을 먹고 서로에게 SF 소설을 읽어주며 몇 시간을 보냈다.[9]

늦은 오후에 호텔로 돌아온 제인은 잠시 쉬었다가 수프로 가볍게 저녁을 먹었다.[10] 그런 다음 잠자리에 들 준비를 하면서 버사에게 자기 약을 꺼내놓으라고 했다. 소화를 돕기 위한 베이킹소다와 카스카라 허브 캡슐이었다. 버사는 베이킹소다 한 스푼과 카스카라 캡슐 하나를 꺼내놓고, 9시에 메이와 함께 복도 맞은편에 있는 자신들의 방으로 돌아갔다.

개구리들이 시끄럽게 울어대고 파도가 철썩이는 가운데 그들은 잠이 들었다.

11시 15분쯤 제인의 수행원들은 복도 건너에서 들려오는 비명 소리에 잠이 깼다. "버사! 메이!" 제인이 그들을 불렀다. "나 너무 아파!"[11] 그들이 서둘러 제인의 방으로 달려가 문을 열자 쓰러져 있는 제인이 보였다. 제인은 입을 잘 벌리지 못했고, 턱 근육은 제인의 의지와 상관없이 악다물어졌다. 눈을 커다랗게 뜨고 치아는 잘 벌어지지 않은 채로 제인은 염소 울음 같은 소리로 힘들게 말했다. "내 몸이 내 맘대로 안 돼. 누가 또 내게 독을 먹인 것 같아." 침대 옆 테이블에 베이킹소다가 담겨 있던 스푼이 텅 빈 채 빛을 발하고 있었다.

그때 옆방에 묵고 있던 남자가 소동을 듣고 도우러 달려왔다가 의사를 불렀다. 몇 분 뒤 잠이 덜 깬 사슴같이 큰 눈망울의 닥터 프랜시스 험프리스가 약가방을 손에 들고 도착했다. 그는 제인 곁에 앉아서 부드럽게 그녀의 턱을 촉진한 뒤 근육이 완화되도록 마사지를 하고 나서, 구토를 유발하기 위해 결국 제인의 틀니를 잡아 빼고 겨자 탄 물을 먹였다. 하지만 그것도 소용이 없었다.[12] 제인은 자신의 몸이 점점 더 이상하게 뒤틀리자 커다랗게 치뜬 눈으로 닥터 험프리스를 바라보았다. 발가락이 안쪽으로 말렸고, 주먹은 바위처럼 단단히 꼭 쥐어졌으며, 다리는 날개를 활짝 편 독수리처럼 넓게 벌어졌다. 막막한 공포에 사로잡힌 제인은 자기 바로 위 또는 자기 내부 어딘가에 있는 무언가를 응시하며, 이가 없는 잇몸으로 애원했다. "오, 하느님. 저의 죄를 용서해주세요." 제인은 눈을 감았다. 그 모든 일이 시작되고 겨우 15분이 지난 11시 30분의 일이었다.[13]

몇 분 뒤 의사 두 명이 더 도착했다. 한 의사의 손에는 아무 소용없는 위 세척기가 대롱대롱 들려 있었다.[14] 세 의사 모두 병에 남아 있는 베이킹소다의 맛을 보았고, 베이킹소다와는 무관한 쓴 맛을 감지했다.[15] 보안관이 도착해 숟가락과 유리잔을 종이에 싸서 독물학자에게 보내고, 제인의 시신은 시체 안치소로 옮겨졌다.[16]

검시를 위해 일곱 명의 의사가 소집되었다. 사건의 성격상 큰 주목을 받을 수밖에 없었기 때문이다. 그들은 제인의 피부를 꼼꼼히 살피며 자상이나 찰과상의 증거를 찾았지만 하나도 발견하지 못했다. 그래서 파상풍의 가능성은 배제됐다. 파상풍이었다면 경련과 개구장애의 원인을 설명할 수도 있었을 것이다.[17] 이 사건을 맡은 대표 병리학자인 클리포드 브라운 우드는 제인의 꽉 쥔 주먹의 강직성이 너무 심하다고 여기고, 말려 있는 제인의 손가락을 풀었다가 손가락이 도로 말리는 모습을 지켜봤다. 다시 풀고 도로 말리고, 다시 풀고 도로 말리고. 독물학자들은 베이킹소다 병에 있는 내용물과 제인의 내장에 있는 내용물을 검사했다. 그리고 양쪽 모두에서 스트리크닌의 흔적을 발견했다.[18]

여섯 명의 시민으로 구성된 배심원단이 소집되었고, 그들에게 시체를 보여준 다음 사흘 동안 앉아서 증언을 듣게 했다. 그들은 제인의 장기에 화학적 검사를 실시하여 스트리크닌의 존재를 나타내는 밝은 빨강색을 확인한 독물학자의 증언을 들었다.[19] 제인의 베이킹소다 병에 들어 있던 베이킹소다를 녹인 용액에서 스트리크닌의 희고 단단한 팔면체 결정이 침전되는 모습을 지켜본 화학자의 증언도 들었다.[20] 경험 많은 내과 의사[21]는 사망 직후 제인의 근육 강직이 일반적인 사후경직에 비해 너무나 극심했고[22] "[20년간 의료계에 종사하는 동안] 전에는 한 번도 본 적이 없는 상태"[23]였다고 말했다. 또한 배심원단은 버사와 메이, 닥터 험프리스까지 세 목격자의 증언도 들었다. 그들은 저마다 제인이 단 몇 분 사이에 몸부림을 치다 사망에 이르는 걸 보았다고 말했다.

배심원단이 평결을 내리는 데는 딱 2분이 걸렸다. 그들은 제인 스탠퍼드가 "본 배심원단으로서는 정체를 알 수 없는 어떤 사람 또는 사람들이 흉악한 의도를 가지고 베이킹소다 병에 집어넣은 스트리크닌"으로 인해 사망했다고 판단했다.[24]

신문들은 배심원단에게 재빨리 정보를 빼내 평결이 내려지기도 전에 결과를 발표했다. 1905년 3월 1일자 《샌프란시스코 이브닝 불레틴》은 1면에 "스탠퍼드 부인, 독살당하다"라고 떠들썩하게 선언했다.

* * *

하지만 1500킬로미터도 넘게 떨어진 캘리포니아 연안에 있는 데이비드 스타 조던은 그 의견에 동의하지 않았다. 의사들이 제인의 죽음을 독살로 본다는 소식을 듣자마자 그는 하와이로 향했다. 그는 《뉴욕타임스》에 자신이 하와이에 간 것은 "샌프란시스코와 호놀룰루의 경찰이 수사하고 있는 사건과 전혀, 아무런 상관도 없으며"[25] 자신은 오직 제인의 시신을 집으로 인도해오기 위해 간 것뿐이라고 말했다. 그러나 기록을 보면 그가 사건을 재검사하기 위해 새로운 의사를 고용하고, 그에게 350달러(오늘날 가치로 1만 달러)라는 큰돈을 지불했음을 알 수 있다.

데이비드가 고른 남자는 의사로 일한 지 2년밖에 안 된 자였다.[26] 어니스트 워터하우스라는 이 남자는 시신과 증거들을 전혀 살펴보지도 않고, 독살에 관한 책 한 권을 대충 넘겨보고, 증인 두 명과 대화를 나누고, 데이비드와 연달아 여러 차례 만난 것이 전부였지만, 그의 손에서 제인의 사인은 곡예하듯 뒤집혔다. 타자기로 쳐서 데이비드에게 보낸 메모(데이비드가 그에게 작성을 지시했다)에서 닥터 워터하우스는 제인 스탠퍼드가 독살당한 것이라고는 "단언코" 확신하지 "않는다"고 선언했다. 그가 신경 쓴 것은 제인의 뱃속과 그 병에서 발견된 스트리크닌의 양이었다.[27] 그것이 제인을 죽일 만큼 충분한 양이라는 확신이 들지 않는다는 것이었다.

그렇다면 그 격렬한 경련과 개구장애와 그 모든… 급사는… 어떻게 설명한단 말인가?

잠시 멈춤. 그래, 진저브레드!

제인의 비서 버사가 두 번째로 인터뷰를 한 이후, 팔리 전망대에서 보낸 피크닉 시간은 산패한 진저브레드를 그로테스크하게 폭식한 일로 탈바꿈되어 있었다.[28] 이제 버사는 처음에 자기가 경찰에게 증언한 말(과 호텔 측이 계속 주장한 말)과 달리 진저브레드가 신선하지 않았고, 덜 익었다고 말했다. 제인은 진저브레드의 속이 축축하다는 것을 발견한 뒤에도 먹기를 멈추지 않았고, 그 질척하고 끈적거리는 것을 쉬지도 않고 왕창 집어삼켰다고 했다. 그런데 그걸로도 아직 충분하지 않았던 모양이다. 버사의 새로운 인터뷰에 따르면, 이어서 제인은 두꺼운 소 혓바닥과 스위스 치즈를 넣은 샌드위치 *여덟 개*를 먹어 치웠고, 차가운 커피를 여러 잔 마셨으며, 프랑스 사탕을 한 봉지 넘게 먹었다고 했다.[29]

한 번의 인터뷰만으로 어떻게 피크닉이 폭식 잔치로 바뀌었을까? 그건 강요에 의한 것이었을까, 암시를 따른 것일까, 아니면 고백이었을까? 나도 모른다. 내가 아는 것이라고는 데이비드 스타 조던이 하와이에 도착한 지 이틀 만에, 제인 스탠퍼드가 독살당한 것이 아니라 과식으로 사망한 것이라는 "도덕적 확신"[30]에 이르렀다는 것뿐이다. 그는 《뉴욕타임스》에 제인의 죽음이 과로(피크닉 담요 위에 누운 채 과로를 했다고?)와 "부적절한 음식"의 과다 섭취가 더해져 발생한 심부전에 의한 것이라고 "전적으로 확신한다"고 말했다.[31]

* * *

"진저브레드를 너무 많이 먹어서 죽는 일도 있을 수 있죠." 내가 전화로 제인 사건의 상세한 점들에 관해 질문했을 때, 질병통제센터 질병 수사관으로 일한 전력이 있는 의사 시마 야스민은 이렇게 말했다.

"하지만 먹은 지 11시간 뒤라고요?"[32] 야스민 박사는 사망하기까지 11시간이나 걸린다는 건 말도 안 된다고 생각했다. 용량에 따라 무엇이든 독성을 띨 수 있지만("그러니까 물도 너무 많이 마시면 죽을 수 있거든요!"), 진저브레드를, 심지어 생반죽으로 두세 접시를 먹어도 목숨을 잃지는 않을 거라고 했다. 과식과 과로가 더해져 심부전을 일으키는 것도 가능한 일이기는 하지만, 만약 그런 경우라면 피크닉 현장에서 바로 그 일이 일어났어야 한다고 했다.

"사람들이 전기회사에 전화를 걸어 말싸움을 하다가 심장마비가 일어나는 경우도 있어요. 그리고 심한 스트레스를 받고 있는 와중에 협심증이 왔을 때, 또 감정적 스트레스가 심혈관 경련을 초래했을 때 심장마비가 일어나기도 하죠. 하지만 11시간 전에 있었던 일로 심장마비가 일어난다고요?"

야스민 박사가 말을 멈췄다.

"그건 그리 가능성 있는 일 같지 않네요."

박사는 그들이 파상풍 가능성도 고려해봤는지 물었고, 나는 의사들이 제인의 피부에서 아무런 상처를 발견하지 못해 그 가능성은 배제됐다고 말했다.

내가 마침내 제인의 내장과 약병에서 소량의 스트리크닌이 발견되었다고 말하자, 그녀는 "앗" 하고 소리를 질렀다. "아, 그거 확실히 스트리크닌 중독일 가능성이 커 보이네요." 야스민 박사는 스트리크닌이 "할리우드 영화의 독"으로 알려져 있다고 말해주었다. "영화에서 흔히 보는 효과를 내는 독이 바로 그거거든요. 눈자위가 뒤로 뒤집히고, 몸의 움직임을 통제하지 못하며 경련이 일어나는 것, 몸이 이쪽저쪽으로 아주 극심한 뒤틀림을 보이는 것이요. 그게 바로 스트리크닌이라는 독이 불러오는 결과예요."

야스민은 극소량이라도 스트리크닌에 노출되면 5분 안에 죽을 수 있다고 말했다.

나는 야스민에게 의사들이 제인의 심장에 관해 남긴 기록을 하나하나 읽어주었다. 거기엔 내가 모르는 용어들도 있어서, 심부전을 암시할 만할 어떤 사항을 내가 놓친 게 아닌지 확인하고 싶었다. 나는 심실에 푸른 혈액이 있었던 것, 승모판과 반월판에 미미한 양의 동맥경화반이 있었던 것도 이야기했지만 야스민이 이례적이라 받아들인 사항은 하나도 없었다.

내가 목록을 끝까지 훑고 나자 야스민이 말했다. "결국 우리가 죽게 되는 건 모두 심장이 더 이상 뛰지 않기 때문이라고 할 수 있어요. 뇌사를 제외하면 바로 그게 우리가 정의하는 죽음이니까요. 하지만, 아니에요. 협심증으로도, 심근염으로도 보이지 않아요. 심지어 심장마비 때문도 아니에요. 물론 그 모든 과정 중에 제인에게는 심장마비가 일어났을 거예요. 심장의 근육도 영향을 받았을 테니까요. 하지만 그건 단지… 전체 상황의 일부일 뿐이죠. 스트리크닌 중독일 가능성이 훨씬 큰 것 같네요."

* * *

하지만 미래의 질병통제센터 수사관과 접할 기회가 없었던 데이비드 스타 조던은 자신이 돈을 지불하고 얻어낸 '자연사'라는 설명을 훨씬 선호했다. 하와이에 도착한 지 나흘 뒤, 그는 《뉴욕타임스》에 "의학박사"(한때 그 스스로 "간신히 받은"[33] 학위라고 표현했던)로서 "그녀가 독살된 것이 아님을 그 어느 때보다 확신"[34]한다고 말했다.

그렇다면 제인의 죽음은 어찌 된 것일까? 그는 진저브레드 때문이라고 했다.

내장과 약병에서 발견된 스트리크닌은? 그건 "의학적인" 것이라는 말로 무마하고 넘겼다.[35]

이제 설명해야 할 사항이 딱 하나 남았다. 그건 아마 모든 증거 중 가장 확실히 범죄를 증명한다고 인정해야 할 증거일 것이다. 기능 이상이 일어난 바로 그 육체의 주인이 보고한 목격자 증언이었으니 말이다. 제인의 몸속 전기가 제인의 말을 거역하기 시작하면서 다리에게 넓게 벌리라고 명령하고 턱에게 앙다물라고 명령할 때, 제인은 간신히 혀에 대한 통제력을 붙잡고 마지막 메시지 하나를 남겼다. "누가 또 내게 독을 먹인 것 같아."

그 말에 대해 데이비드와 닥터 워터하우스는 가장 논리적인 설명을 내놓았다. "히스테리"[36]라는 것이다. 왜 아니겠는가. 그들에 따르면, 제인은 마치 자신이 독을 먹은 것처럼 꾸며대고 있었던 것이다! 경련도 꾸며대고, 죽음도… 꾸며댄 것인가? 데이비드가 공중에서 몸을 뒤집고 회전하며 곡예를 하는 모습, 그러면서 도저히 불가능할 것 같은 일을 이뤄내는 모습, 심지어 한 사람의 죽음에 대한 경험까지 가스라이팅Gaslighting○하는 모습은 참으로 경탄스럽다.

하와이에서 보내는 마지막 날 아침,[37] 호텔 방에서 잠이 깬 데이비드는 호텔에 비치된 편지지 묶음을 꺼내, 그 글이 독살설을 영원히 잠재워주기를 소망하며 공식적으로 발표할 성명서를 작성하기 시작했다. 그는 몇 개의 단어를 갈겨썼다가 다시 줄을 쳐 상당 부분을 지웠다.[38] 이전에 있었던 독살 미수에 대한 언급은 빼기로 한 것이다. 그 일은 가급적 사람들이 떠올리지 않는 편이 나았다. 그는 제인이 폭식과 과로가 더해진 자연적 원인으로 사망했다는 것을 의학적으로 확신한다고 단언했다. 그리고 자신이 하와이 의사들의 의학적 소견에 의문을 제기하고 있으면서도, 생뚱맞게 그 의사들이 "너그러운 마음"으로 "협조하고 동조"해주었다며 과한 찬사의 말을 남기는 것으로 글을 마무리했다.[39] 그런 다음 성명서에 서명하고 봉인한 다음 한 변호사 친구에게 건네주면서, 자신이 탄 배가 출항할 때까지 발표하지 말고 기다리라고 지시했다. 곧 언론에 공개될 그 성명서를 통해 신뢰가 훼손될 의사들을 자신이 직접 대면할 일을 만들지 않기 위해서였다.[40]

이제 데이비드에게는 할 일이 딱 하나 남았다. 그는 멋진 양복을 차려입고, 손에 묻은 잉크를 씻어낸 다음, 호놀룰루에 있는 센트럴 유니언 교회로 걸어가, 방금 깨끗하게 문질러 씻은 손바닥으로 제인 스탠퍼드가 누워 있는 관의 차가운 손잡이를 움켜잡았다. 깊이 숨을 들이쉬고 허벅지 근육에 힘을 딱 준 다음 제인의 관을 나르는 사람 중 한 명으로 역할을 수행했다.[41]

○ 말과 행동으로 상대방의 마음속에 교묘하게 자기 불신의 씨앗을 심어, 피해자가 자신의 기억, 판단, 인지를 의심하게 만드는 심리적 조작으로, 이러한 심리적 조작을 다룬 영화 〈가스등Gaslight〉(1944)에서 파생된 용어.

★ ★ ★

데이비드의 성명서가 신문에 실리자 하와이의 의사들은 경악했다. 그들은 모여서 즉각 반대 성명을 발표했는데, 그 내용은 다음과 같다.

> 스탠퍼드 부인은 협심증으로 사망하지 않았다. 발작의 증상도, 심장의 상태도 협심증이라는 진단에 부합하지 않기 때문이다. 스탠퍼드 부인의 나이와 알려진 정신적 특성을 감안하면 그런 여성이 30분 만에 히스테리 발작으로 사망했다고 생각하는 것은 바보 같은 일이다. (…) 현존하는 어떤 보건위원회도 그러한 사인을 근거로 한 사망진단서를 의심 없이 승인하지 않을 것이다.[42]

"바보 같다고?"

데이비드는 즉각 반격에 나서 의료계의 핵심 증인인 닥터 험프리스를 "직업적으로도 개인적으로도 들어본 적 없는 한낱 무명인"이라 깎아내렸다.[43] 곧바로 하와이의 의사들이 험프리스를 옹호하고 나서자, 데이비드는 그들 모두가 공모하여 음모를 꾸미고 있다고 비난했다. 부검과 검시로 돈을 얻어내기 위한 방법으로 살인이라는 진단을 날조하고 있다는 것이었다.[44] 그 말이 사실이라면 이 음모에 가담했어야 하는 사람들(담당 과가 서로 다른 여러 명의 의사뿐 아니라, 우연히 옆 객실에 머물다 제인의 방으로 달려온 숙박객, 제인의 비서, 하녀, 보안관, 장의사, 검시관까지)의 수를 생각해볼 때 너무나 터무니없는 비난이었다. 하지만 무슨 상관이랴.

데이비드의 명성, 권력, 섬에 대한 미국의 무시 등으로 인해 실제로 일어난 일에 대한 하와이 의사들의 이야기는 본토에서 전혀 힘을 발휘하지 못했다.

✶ ✶ ✶

스탠퍼드대학의 웹페이지를 살펴보더라도 살인의 가능성에 관한 이야기는 거의 발견하지 못할 것이다. 제인 스탠퍼드의 죽음은 사인이 "확실하게 규명되지 않았다"라고만 나와 있다.[45] 그리고 "조던 학장을 만나보자"라는 페이지에서 데이비드 스타 조던의 긴 프로필을 한참 훑어 내려가다 보면 제인 스탠퍼드의 죽음에 그가 연루되었을 가능성이 담긴 한 문장을 발견할 수 있다. "1905년 2월에 제인 스탠퍼드가 불가사의한 상황에서 사망했을 때, 조던은 서둘러 하와이로 달려갔다. 이는 시체를 찾아오기 위함이었고, 일부 사람들의 생각에 따르면 제인이 독살되었다는 보도가 나오는 걸 막기 위한 행동이었다."[46] 그런데 이런 짐작도 최근에야 추가된 것이다. 거의 한 세기가 가깝도록 제인은 자연사한 것으로 널리 알려져 있었고, 더 흉악한 사인에 대한 소문은 확실히 무시되어왔기 때문에 거의 사라진 상태였다.

내가 이 모든 이야기를 알게 된 것은 의학박사 로버트 W. P. 커틀러가 철저한 조사 끝에 2003년에 출간한 《제인 스탠퍼드의 불가사의한 죽음The Mysterious Death of Jane Stanford》이라는 얇은 회색 책자 덕분이었다. 스탠퍼드대학의 저명한 신경학 교수였던 로버트 커틀러는 삶이 끝나가던 무렵 다른 프로젝트를 위한 조사를 하던 중 우연히 제인 스탠퍼드의 독살에 관한 수사를 다룬 오래된 신문 기사 하나를 발견했다. 로버트는 충격을 받았다.[47] 그는 역사 마니아이자 자부심 가득한 스탠퍼드인이었다. 그런 그에게도 대학 창립자의 독살 가능성에 관한 이야기는 금시초문이었다. 그래서 그는 이 문제를 파헤치기 시작했다. 온라인 데이터베이스에서 하와이에 가면 언제든 찾아볼 수 있는 검시 보고서와 재판 속기록, 목격자 증언이 있다는 사실을 발견했다.

하지만 그 무렵 로버트는 캘리포니아주 리버모어의 산꼭대기에 있는 자신의 집을 떠나서는 안전을 유지할 수 없었다. 폐기종이 말기로 진행된 상태라 먼지를 피해 실내에만 머물러야 했고, 늘 산소통을 달고 있어야 했다. 그래서 아내 매기를 비롯해 호놀룰루와 샌프란시스코, 워싱턴 DC의 여러 기록물 관리자들에게 도움을 요청해 스캔한 문서들을 메일로 전달받기도 하고, (매기가 직접 가져다준 경우에는) 그의 개인 서재에서 안전하게 받아볼 수 있었다. 거기서 그는 그 문서들을 꼼꼼히 읽고 자신이 알아낸 사실들을 글로 썼다.[48]

그가 쓴 책에는 버릴 단어가 전혀 없다. 사람들의 동기나 감정 상태에 관한 극적인 추측은 한마디도 없다. 오직 증거만이 최대한 명료하게 제시되어 있고, 원자료에서 가져온 긴 인용문들이 담겨 있다. 그 책을 보고 있으면 과거의 목소리들이 독자에게 직접 말하는 소리가 들리는 것 같다. 검시관의 보고서, 목격자의 증언들, 재판 속기록 등 그 모든 걸 들을 수 있다. 그 책이 그렇게 얇은 것은 로버트 커틀러가 미래에 주는 선물, 헛소리를 걸러내고 진실만을 담고자 한 그의 노력의 결과다. 그는 모든 준비를 마치고 인쇄소에 보낸 뒤 책의 초판이 세상에 나온 것을 볼 수 있었고, 그런 다음 세상을 떠났다.

30년 넘게 의사로 일한 로버트 커틀러가 책에서 들려주는 이야기는 명확했다. 제인의 증상들과 뱃속과 약병에서 발견된 스트리크닌을 볼 때 제인은 독살당한 게 분명하다는 것이다. 그리고 제인의 사망 이후 데이비드 스타 조던이 한 행동들을 추적해본 뒤로는, 데이비드가 독살을 은폐하려 했다는 결론을 피할 수 없었다고 고백했다. 왜 은폐하려 한 것일까? 대학이 추문에 휩싸이는 걸 막으려고 그런 것일까? 어쩌면 다른 이유들 때문일지도. 로버트 커틀러는 추측을 사실로 단언하지는 않았다.[49]

다른 학자들은 커틀러보다 더 멀리 나아갔다. 스탠퍼드대학 영문학과 교수인 블리스 카노찬Bliss Carnochan은 제인과 스파이 사이에 오간 편지를 조사한 뒤, 살인의 타이밍이 수상쩍다고 여겼다. 데이비드에게는 자신의 학장직을 지키기 위한 분명한 "살해 동기가 있었다"는 것이다.[50] 스탠퍼드대학 역사학자 리처드 화이트Richard White는 실마리를 더 찾아내기 위해 '누가 제인 스탠퍼드를 죽였나?'라는 강의를 시작했다. 그는 매 학기 여남은 명의 학생들을 기록물보관소로 보내 새로운 정보를 찾아내게 했다. 현재 화이트는 버사가 (유산으로 받을 돈을 위해) 범행을 벌인 것이라고 추측하지만, 제인의 사망 타이밍은 데이비드에게 대단한 "행운"이었다고 말했다.[51]

화이트는 독살이 누구의 소행이든 데이비드가 독살을 은폐하려 했다는 사실에 대해서는 점점 더 확신했다. 그의 학생들은 제인의 죽음 이후 데이비드가 벌인 수상한 행동들을 계속해서 밝혀냈다. 데이비드의 지인이 그에게 음식을 너무 많이 먹는 것으로도 죽는 게 *가능하다*고 확인해주는 편지,[52] 데이비드가 범죄를 은폐한 것에 대해 "사후 세계에서 심판받을" 것이라고 말한 발신자 미상의 편지,[53] 제인의 스파이가 데이비드에게 "돈으로 내 입을 막을 수는 없을 것"이라고 말한 편지[54] 등. 또한 누구도 다른 의견을 제시하지 않은 채 몇십 년이 흐른 뒤에도, 여전히 데이비드가 계속해서 "제인이 자연적 원인으로 사망했다"고 주장한 점도 이상했다.[55] 데이비드의 그런 주장은 그가 나이 들어갈수록 연설, 신문 기고문, 편지 등 엉뚱한 곳에서 툭툭 튀어나왔다. 화이트는 데이비드가 이 버전의 사건 이야기를 그렇게까지 고집스럽게 계속 주장한 이유가 뭔지 궁금했다. 그는 제인의 죽음에 관한 뭔가가 데이비드를 죽을 때까지 줄곧 괴롭혀온 것 같다고 여겼다.

산꼭대기에 있는 로버트 커틀러의 집까지는 차로 한참을 올라가야 했다. 노랗게 변해가는 풀들과 건조한 흙길 사이로 수없이 지그재그로 꺾이는 일차선 도로를 따라 올라갔다. 마침내 꼭대기에 도착하자 로버트의 아내 매기가 데크 위에서 나를 맞아주었다. 로버트의 민감한 폐에는 꽃가루와 먼지가 너무 위험했으므로 살아생전 그는 데크 위에서 보내는 시간을 즐길 수 없었을 것이다.

매기는 나를 주방으로 안내했다. 각자의 앞에 커피를 한 잔씩 따른 뒤 매기는 생의 종말이 가까워오는데도 집착에 가깝게 조사에 빠져들어, 자신과 시간을 보내는 대신 책들에 파묻혀 지내는 남편을 지켜보기가 힘들었다고 했다. 하지만 남편은 제인의 목소리가 세상에 들리게 만드는 것이 자신의 임무라고 느꼈던 것 같다고 했다. 오랫동안 묻혀 있던 진실을 캐내야 하는 임무 말이다.[56] 나는 매기에게 로버트가 책에서는 데이비드 스타 조던을 대놓고 살인범으로 지목하지 *않으려고* 매우 노력했던데, 혹시 개인적으로 데이비드 스타 조던이 살인에 가담했을 거라고 의심하지는 않았는지 물었다.

"그는 조던이 한 짓이라고 절대적으로 확신했어요."[57] 매기는 생각할 시간도 필요 없다는 듯 곧바로 대답했다.

"정말이에요?"

"그럼요. 그는 조던이 고갱이까지 철저히 썩었다고 생각했어요."

내려오는 길은 어쩐지 더 짧게 느껴졌다. 나는 데이비드 스타 조던에 대한 나의 괴상한 애착과, 그가 내게 살아가는 방법을, 내가 엉망으로 만들어버린 내 인생을 되돌려놓을 방법을 가르쳐줄 사람일지도 모른다는 희망에 관해 골똘히 생각했다. 그에게는 내가 존경할 만한 많은 면들이 있었다. 그의 냉소. "숨어 있는 보잘것없는" 꽃들에 대한 그의 몰두. 내 아버지의 쇠솔로 된 밀대 빗자루를 연상시키는 그의 우스꽝스러운 팔자수염. 그의 강철 같은 근성. 그 어떤 불운이 자기 앞에 닥쳐와도 주저앉기를 거부하던 그 투지 넘치는 결연함.

하지만 그 정도로 자기 확신을 품으면 이런 일이 일어나는 것인가? 굳은살이 단단히 박이고 그 어떤 방해물에도 끄떡도 하지 않게 되면, 결국에는 한 여자의 목숨까지 끊어버릴 수 있게, 아니면 최소한 그 죽음의 진실을 기꺼이 은폐할 수 있게 되는 것인가?

✶ ★ ✶

내가 로버트 커틀러의 책에 관해 처음 들은 뒤 전화를 걸었던 스탠퍼드대학의 은퇴한 어느 기록 관리자는 나에게 그 책이 제시하는 이론들에 너무 현혹되지 말라고 경고했다. 그녀는 그 책이 "정말로 거론할 가치가 없는" "추측"으로 이뤄진 책이라고 했다. 이 기록 관리자는 "그 의사는 악당을 필요로 했던 것"[58]이라며, 내게 그런 책에는 관심도 두지 말라고 강하게 말하면서 그 이야기의 서사에 먹잇감이 되지 말라고 경고했다. 역사학자 루서 스피어는 커틀러의 책을 읽고 제인 스탠퍼드가 독살당했다고 확신하게 되었지만, 데이비드가 독살을 명령했을 거라고 말하는 것은 추측에서 "판타지"로 건너뛰는 일이라고 말했다.[59]

나는 마침내 스탠퍼드대학의 기록물보관소를 찾았다. 거기에는 데이비드 스타 조던의 일기, 편지, 미발표 에세이, 그림 등이 담긴 상자 수십 개가 가만히 기다리고 있었다. 나는 하루에 신청할 수 있는 최대한의 자료를 신청했다. 그리고 매일 아침 창밖에서 손짓하는 햇살과 밖으로 나오라고 속삭이는 유칼립투스 향기에 저항했다. 나는 그 상자들 속에서 그가 죄를 시인한 명백한 증거를 찾고 있었다.

닷새째 되던 날, 나는 다채로운 색깔의 그림들이 가득한 폴더 하나를 발견했다. 적힌 날짜를 보니 제인이 죽은 지 겨우 1, 2년 뒤의 것이었다. 거기에는 꽃들이 아니라 데이비드가 그린 괴물들이 있었다. 꽃을 그릴 때와 똑같이 힘들여 그렸지만 자연스럽지는 않았다. 색채는 자유분방했다. 염소 머리가 달린 가재, 무지갯빛 가시의 호저, 송곳니에서 자홍색 피를 뚝뚝 흘리는 육식성 캥거루와 아기 주머니 속 육식성 아기 캥거루, 용에 이어서 또 용, 악마에 이어서 또 악마, 넘쳐나는 염소 뿔. 그것들은 불을 뿜고, 피를 뚝뚝 흘리고, 그들의 턱 위로는 인간의 팔다리가 튀어나와 있었다. 한 그림에서는 오징어 세 마리가 제 꼬리에 휘감겨 질식되고 있었다. 또 다른 그림에서는 밤하늘이 흘리는 피가 상어와 늑대, 뱀들에게로 흘러내리고 있었다. 그리고 또 다른 그림에는 팔자 콧수염을 기른 한 남자가 있다. 그는 한 무리의 군중 뒤에 서서 자기 옆에 있는 꽃을 꽂은 모자를 쓴 한 여자를 쳐다보고 있다. 그림 속 수많은 사람 중에 오직 이 남자에게만 악마의 뿔이 달려 있다.[60] 그러나 그 뿔은 그의 머리 위에 희미한 스케치로 그려져 있다. 마치 나중에 추가로 그려 넣은 것처럼.

이런저런 잡동사니를 모아놓아 달그락거리는 소리가 나는 상자의 밑바닥에서 작은 직사각형 카드를 하나 발견했다.[61] 그것은 제인 스탠퍼드의 동생 찰스가, 제인의 사망 후에 애도의 꽃을 보낸 데이비드에게 감사를 전한 카드였다. 나는 데이비드가 엄지손가락으로 그 카드를 단단히 붙잡고 내용을 읽는 모습을 그려보다가, 작은 혐오감의 전율을 느꼈다. 그리고 조심스럽게 오려낸 신문 기사도 발견했다. 내용이 밖에서 보이지 않도록 반으로 접혀 있는 그 기사의 제목은 "전문가들, 조던 박사 성명서의 허점들을 밝히다"였다. 그 기사에서 기자는 자연사라는 데이비드의 설명을 반박하며, 독살임을 가리키는 증거들을 하나하나 제시했다. 그리고 데이비드 스타 조던이 "범죄를 은폐하고 있는" 것이 틀림없다면서 살인자가 아직 잡히지 않았다고 경고하며 기사를 마쳤다.[62]

그 기록 관리자의 말이 옳았던 걸까? 수천 장에 이르는 페이지들을 넘기며 이런 의문을 곱씹어본다. 그러는 동안 데이비드의 피부 잔해 입자들이 내 콧구멍 속으로 들어온다. 데이비드가 한 일이라고 의심하고 있는 바로 그 일을 지금 내가 하고 있는 것일까? 그러니까 자신의 세계관을 그대로 유지하기 위해, 자신감은 부패를 불러온다는 내 아버지의 믿음을 확인하기 위해 사실들을 왜곡하는 일을?

데이비드에 대한 의심이 점점 커져가고 있음에도 나는 그의 좋은 면을 발견하도록, 그 좋은 면에 귀를 기울이도록 나 자신에게 강요했다. 나는 제시가 데이비드를 자기 인생의 "기적"이라고 쓴 회상의 글을 조심스레 읽었다.[63] 그가 쓴 여러 편의 시들, 해면동물과 불가사리와 심지어 풀까지 이 세계의 *숨어 있는 보잘것없는 것*들에 부치는 송시들을. 또 그가 남획으로 죽어가는 물개를 보호하기 위해 지치지 않고 펼친 노력에 관해 읽었다. 그가 말년에 열정적으로 평화를 옹호한 일로 받은 무거운 메달들[64]을 들어보았다. 그가 쓴 "샘 아저씨의 명치가 위치한 곳"이라는 제목의 글을 읽었다. 그 글에서 그는 미국의 가장 취약한 지점은 중부 대서양 주°에 있는 무기 생산 허브라고 주장하며, "죽이는 사업"에 너무 의존하는 국가는 "위태로운 상태"라고 썼다.[65] 반면 한 나라의 성장 잠재력이 자리한 곳은 그 나라의 "공립학교"이며, "학교는 사람의 쓸모, 인종의 경계선을 가로지르는 우정, 법 앞의 평등을 가르치며, (…)

° 대서양과 접하고 있는 중부의 주들로, 뉴욕, 뉴저지, 펜실베이니아, 델라웨어, 메릴랜드, 워싱턴 DC, 버지니아, 웨스트버지니아가 여기에 해당한다.

이것이 나라의 힘의 근원"이라고 주장했다. 나는 그가 노예제도 폐지론자였던 젊은 시절, 가슴 주머니에 넣고 다니던 작은 가죽 장정 일기장의 냄새를 맡았다. 녹인 버터 냄새가 났다. 거기서 애벌레들과 거미, 나뭇잎을 그린 그림들이 쏟아져나왔다.[66]

* * *

나는 빈손으로 집에 돌아왔다. 언제나처럼 길을 잃은 채로.

내 목덜미로 뜨거운 열을 치솟게 만든 그것을 우연히 발견하게 된 것은 그로부터 두어 달 뒤의 일이다. 데이비드가 쓴 물고기 수집 안내서 중 하나인 《물고기 연구를 위한 안내》에서 답을 찾고 있을 때였다. 나는 미소를 머금고 그의 친절한 서문을 읽었다. 거기서 그는 독자들에게 물고기는 어디서든 찾을 수 있다고 큰소리쳤다. 이를테면 "물고기들이 '수영하는 구멍', 즉 강가의 오래된 나무뿌리가 물속으로 드러난 부분, 그 사이 물살이 빙빙 도는 웅덩이"[67]에서도 찾을 수 있다고 했다. 나는 그가 그린 물고기의 턱뼈, 가슴지느러미, 부레 등의 그림을 휙휙 넘겼다.

그러다가 430페이지에서, 나는 그것을 보았다. "물고기를 확보하는 방법"이라는 섹션에서, 그는 거기까지 자신을 따라온 대담한 독자들에게 한 가지 비밀을 누설했다. 조수웅덩이 틈새로 쏜살같이 들어가버리는 탓에 좀처럼 잡히지 않는 가장 성가신 물고기를 잡을 때 그가 가장 즐겨 쓰는 방법은 뭘까? 바로 독이다. 구체적으로 그가 추천한 종류는? 언젠가 그가 "세상에서 가장 쓴 것"[68]이라고 묘사했던 위험하고 강력한 물질, 바로 스트리크닌이다.[69]

10.

진정한 공포의 공간

데이비드 스타 조던이 학장으로서 누리던 권력은 제인 스탠퍼드가 사망한 직후부터 조금씩 무너지기 시작했다.[1] 대학 신탁이사회는 그가 제인의 정보원이던 줄리어스 괴벨을 성급하게 해고한 일을 못마땅하게 여겨 투표를 통해 그에게서 교직원 해고 권한을 박탈했다. 그리고 몇 년 뒤 1913년 이사회는 데이비드에게 완전히 사퇴할 것을 요구했다. 그들은 명예총장이라는 의례적 직책은 유지하게 해주었지만 그에게 남아 있던 모든 행정적 권력은 앗아갔다.[2]

갑자기 남아도는 시간이 엄청나게 많아진 데이비드는 새로운 취미를 찾아냈다. 물고기를 수집하러 여행을 다니는 동안 그는 이탈리아 알프스의 아오스타Aosta라는 마을에 몇 차례 다녀온 적이 있다.[3] 그곳에서 그는 충격적인 것을 목격했다. 아오스타는 정신적·육체적 장애를 지닌 사람들을 보호하기 위한 안식처 같은 도시였다. 수세기에 걸쳐 가톨릭교회는 장애 때문에 가족에게 거부당한 사람들을 아오스타로 불러들여 주거와 음식을 제공하고 돌보아왔다. 그들 중 많은 수가 결국에는 밭이나 부엌의 능숙한 일꾼들이 되었고, 그중 많은 이들이 사랑에 빠지고 결혼하고 자녀를 낳았다. 그 결과 일종의 거꾸로 뒤집힌 마을이 만들어졌다. 비정상적인 것이 정상인 곳, 사회에서 무능력자 취급을 받던 사람들이 지원을 받아 번성하는 곳으로 말이다.

누군가는 이 마을에서 어떤 아름다움을, 사회에서 가장 취약한 사람들이 존엄을 누리며 살 수 있게 도와주는 근본적으로 인간적인 방식을 보았을 것이다. 그러나 1880년대에 이곳을 방문한 데이비드 스타 조던은 그곳을 "거위보다 지능이 낮고 돼지보다 품위가 떨어지는", "피조물들"이 들끓는 "진정한 공포의 공간"으로 묘사했다.[4]

세월이 흐르는 내내 아오스타 마을은 계속 데이비드의 마음을 불편하게 했다. 그는 그 마을이 루이 아가시가 동물의 세계에서 일어날 수 있다고 했던, 바로 그 퇴화를 보여주는 증거라며 염려했다. 데이비드는 멍게나 따개비 같은 한자리에 고착되어 살아가는 생물들이 한때는 물고기나 게처럼 더 높은 차원의 형태를 갖고 있었으나 기생으로 자원을 획득해온 결과 더 게으르고 더 약하고 더 단순하며 더 지능이 떨어지는 생명체로 "퇴화했다"는 잘못된 믿음을 갖고 있었다.[5] 그리고 더 넓게는, 어떤 식으로든 장기적으로 한 생물에게 도움을 주면 그 결과 신체적으로나 인지적으로나 쇠퇴하게 된다고 믿었다. 자연이 작동하는 방식에 관한 이 오해를 그는 "동물 세계의 극빈자 상태"[6]라고 불렀고, 아오스타에서도 바로 그와 같은 현상이 일어나고 있는 거라고, 아오스타 사람들은 말 그대로 "새로운 인간의 종"[7]으로 퇴화하고 있다고 걱정했다.

그래서 그는 책을 하나 쓰기 시작했다. 자선과 호의가 "부적합자 생존"[8]을 초래하는 일이라 믿고, 그러한 자선의 위험을 세상 사람들에게 알리고 경각심을 심어주는 게 그 책을 쓰는 목적이었다. 전 세계에서 인류의 "쇠퇴"[9]를 예방할 유일한 방법은 이 "백치들"[10]을 몰살하는[11] 것이라고 권고하는 책, 겨우 몇십 년 전에 처음 생겨난 한 단어에 과도하게 의존하는 책이었다. '그 단어'는 그가 처음 쓰기 시작했을 때는 미국에서 그리 인기가 없는 단어였지만, 그가 지극한 열성과 과학적 권위를 갖고 옹호했던, 그리하여 그의 도움에 힘입어 미국 땅에 널리 보급된 단어, 바로 우생학eugenics이다.

* * *

우생학은 1883년 유명한 박식가이자 찰스 다윈의 고종사촌인 프랜시스 골턴이라는 영국의 과학자가 만든 단어다. 《종의 기원》이 처음 출간되었을 때 골턴은 사촌의 책을 읽고 깊은 영감을 받아, 그 책을 "내 정신 발달 과정의 신기원"이라고 불렀다.[12] 지구에서 생물의 배열을 결정하는 자연선택의 힘이 존재한다는 것을 이해하게 되자마자, 그는 인류의 지배자 인종을 선별할 수 있도록 그 힘을 조작할 수도 있겠다는 생각을 떠올렸다. 요컨대 가난, 범죄, 문맹, "정신박약", 방탕함 등 그가 혈통과 관련된 것이라고 잘못 알고 있는 특징들을 교배함으로써 말이다. 그는 마음에 안 드는 사람들의 집단을 말살시키는 이 기술을 "우생학"이라고 불렀다. "좋은"과 "출생"을 뜻하는 그리스어를 조합해 만든 단어다. 그리고 그는 자기—다윈의 사촌인!—말을 들어줄 사람이라면 누구에게나 얼핏 과학적으로 들리는 '유럽을 다시 위대하게 만들자'는 계획에 관해 이야기했다.

그는 그럴듯한 모임들에서, 그리고 《네이처》와 《맥밀란》 같은 저명한 잡지들을 통해서 이 아이디어를 꺼내놓았다.[13] 심지어 《캔트세이웨어 우생학 칼리지The Eugenic College of Kantsaywhere》라는 SF 소설까지 썼다.[14] 엄격한 테스트를 통과한 사람들만 자식을 낳을 수 있도록 허가하고, 그 밖의 사람들이 자식을 가지려고 시도하면 투옥하고 "가차 없고 엄격하게" 처벌하는 공동체에 관한 이야기였다.[15] 골턴은 이 소설이 행복한 이야기이자, 인류를 쇠퇴에서 구하는 안내서라고 여겼다.

대다수 사람들이 골턴의 생각을 무시하고 넘겼다. 소수의 영향력 있는 과학자들이 그 대의를 열성적으로 옹호하지 않았다면, 우생학은 사변적 소설의 영역에만 남아 있었을 것이다. '사이어소피'의 위험성에 대해 그토록 공격을 퍼부었던 전력에도 불구하고, 데이비드는 가장 앞장서서 가장 큰소리로 옹호한 소수 무리 중 하나였다. 그는 우생학의 주장을 맹목적으로 들이마시고 그 믿음을 확고하게 고수했다. 그의 눈은 마치 환각을 보듯 시선이 닿는 모든 곳에서 유전된 성격의 증거를 찾았다. 그에게 홀딱 반한 전기작가 에드워드 맥널 번즈조차 그것이 터무니없는 일이라고 인정할 수밖에 없었다. "그는 생물학적 유전에 너무 과한 중요성을 부여한 나머지, 인간의 성격을 이루는 거의 모든 특징을 생물학적 유전으로 설명할 수 있다고 생각한 것 같다."[16] 가난, 게으름, 새들을 분류할 수 있는 능력, 이 모든 게 단지 혈통의 문제라는 것이다!

데이비드 스타 조던은 골턴의 생각을 제일 먼저 미국으로 들여온 이들 중 하나다. 대부분의 미국 우생학자들이 우생학 열병에 걸리기 몇십 년 전인 1880년대에[17] 이미 데이비드는 인디애나대학 강의 중에 그 생각들을 끼워 넣으며 학생들에게 "빈곤"과 "타락"[18] 같은 특징들이 유전될 수 있고, 따라서 "습지의 물을 말려버리는 것처럼 박멸할"[19] 수도 있다고 가르쳤다.

시간이 지나면서 그는 그 생각을 교실 밖으로도 가져가기 시작하여, 중요한 정치인들이 모인 큰 모임에 연사로 나서며 "공화국은 인간의 수확이 좋은 동안[에만] 유지될 것"이라고 경고했다.[20] 그는 1898년에 우생학을 지지하는 첫 논문을 발표하고,[21] 이어서 《인간의 수확The Human Harvest》, 《국가의 피The Blood of the Nation》, 《당신의 가계도Your Family Tree》 등 유전자 풀pool의 정화를 옹호하는 책들을 연달아 냈다. 이런 글들에서 데이비드는 자신이 지구상에서 제거해버리고 싶은 종류의 사람들—빈민들과 술꾼들, "백치들"과 "천치들", "바보들", 도덕적 타락자들[22]—을 모두 모아, 적격자와 반대되는 "부적합자"라는 한 범주에 몰아넣었다. *부적합자!* 단박에 귀를 사로잡으며 매우 암시적이고 너무나 깔끔한 단어. 그것은 어떤 사람들이 살 자격이 있는가에 관한 그의 의견에 과학의 망토를 둘러줄 수 있는 단어였다. *부적합자!* 그냥 한 남자의 판단이 아니라, 자연에 존재하는 현실 자체.

순회 연설을 다닐 때면 데이비드는 교회와 빈민구호소에 꼭 들러서[23] 헌신적으로 일하는 사람들에게 그들의 노력이 "부적합자 생존"[24]이라는 위험을 유발하고 있다고 경고했다. 그는 경종을 울리기 위해 아오스타 마을의 이야기를 들려주며, 그곳을 "갑상선에 혹이 생긴" "천치 같은" "피조물들"[25]이 자유롭게 돌아다니며, 침을 흘리고, 구걸하고, 꼴사나운 행동을 하는 곳이라고 묘사했다. 그는 언젠가 한 나이든 여자가 "개처럼 내 손을 핥기까지" 했다고 주장했다. 자기가 거기서 만났다고 하는 사람들—굽은 등에 광기가 번득이는 찡그린 표정을 하고, 치아는 빠져 있고, 사마귀들이 돋아 있는, 지팡이를 짚은 나이 든 여자, 코코넛만 한 크기의 갑상선종으로 목이 부은 남자—을 그린 스케치도 보여주면서,[26] 만약 사회가 조치를 취하지 않는다면 인류는 바로 그런 곳으로 향하게 될 것이라고 경고했다.

그렇다면 해결책은 뭘까? 어떤 우생학자들은 유전자 풀에 "우월한" 유전자가 흘러넘치도록, 엘리트들에게 더 많은 아기를 낳도록 돈을 지급하는 방법을 고안했다. 또 어떤 자들은 상류층이 여러 배우자를 갖는 걸 합법화하는 방법을 제안했다.[27] 그러나 데이비드 스타 조던에게는 그보다 훨씬 좋은 아이디어가 있었다. 예전에 자기 학생들에게 제안했던 "박멸"을 실현할 방법. 그것은 바로 "부적합"해 보이는 사람들의 생식기를 그냥 잘라내는 것으로, 데이비드는 청중들에게 "백치들은 모두 자기 핏줄의 마지막 세대가 되어야 한다"고 단언했다.[28]

그가 이런 말을 하고 다니고 다른 초기 우생학자들도 비슷한 말들을 하고 다닌 이후로, 미국 전역의 뒷골목에서 불임화 수술이 은밀히 행해지고, 때로는 처형까지 자행되었다. 1915년에 해리 헤이젤딘이라는 시카고의 한 의사는 장애가 있는 아기들을 죽게 방치하면서[29] "검은 황새"[30]라는 별명을 얻었다. 일리노이주의 한 정신병원에서는 결핵균에 감염된 우유를 먹여 의도적으로 환자들을 죽인다는 소문이 돌았다.[31] 영웅적인 노력으로, 묻혀 있던 이런 우생학의 역사를 상당 부분 밝혀낸 학자 폴 롬바르도Paul Lombardo에 따르면, 몇몇 의사들이 "부적합한" 환자들을 불임화한 것을 자랑하고 다녔지만,[32] 그보다 훨씬 더 많은 수가 "조용한 방식"[33]으로, 다시 말해 법적 권한도 없이 은밀하게 수술을 행했다.

그러나 데이비드 스타 조던은 신실한 청교도라 법을 어기는 일을 그리 좋아하지 않았기 때문에, 우생학적 불임화의 합법화를 주장하기 시작했다. 1907년 블루밍턴에서 사귄 그의 친구들 몇 명이 인디애나주에서 우생학적 강제 불임화를 법제화하는 데 성공했다. 이는 미국에서뿐 아니라 전 세계에서 합법화된 최초의 사례이기도 했다.[34] 2년 뒤 데이비드는 캘리포니아주에서도 그 법이 통과되도록 도왔다. 우생학의 대의에 대한 그의 헌신이 어찌나 눈에 띄었던지, 미국양육가협회 우생학위원회는 그에게 위원장을 맡아 달라고 요청했다.[35] 그는 열성적으로 요청을 받아들였다.

내가 받은 전체 교육과정 가운데 이 나라가 우생학 운동에서 주도적 역할을 해왔다는 사실을 전혀 배우지 못했다는 것이 믿기지가 않았다. 그러나 우생학은 미국식 신여성과 포드 모델 T 못지않게 미국 문화의 두드러진 한 부분이었던 것 같다. 그것은 비주류가 아니었고, 당파를 가리지 않았으며,[36] 20세기의 첫 다섯 대통령이 모두 우생학의 밝은 전망을 찬양했고, 하버드부터 스탠퍼드, 예일, 캘리포니아 버클리, 프린스턴까지 전국의 모든 명망 있는 대학들에서 우생학을 가르쳤다.[37] 우생학 잡지, 우생학 화장품, 심지어 우생학 경진 대회도 있었다. 주 박람회의 축제 분위기 물씬 나는 흰 천막 아래서 가장 적합한 가족과 최고의 아기를 뽑는 콘테스트가 종종 열렸다. 호박의 크기와 무게를 재듯 아기들의 무게와 치수를 쟀다. 흰 피부, 둥근 두상, 가장 대칭이 잘 이뤄진 이목구비에 파란 리본이 주어졌다.[38]

그러면 패자들에 대해서는 어땠을까? 서서히 점점 더 많은 주들이 불임화법을 통과시켰다. 코네티컷, 아이오와, 뉴저지 등에서. 성병에 걸렸는가? 싹둑. 간질 발작? 싹둑. 혼외 출생, 전과, 낮은 시험 점수? *싹둑, 싹둑, 싹둑!*

그럼에도 여전히 실제 불임화 비율은 낮았다. 데이비드가 도입에 일조한 정책들에 따르면, "부적합한" 사람에 대한 불임화를 실시할 수 있으려면 먼저 그 사람이 법제도나 의료제도, 교육제도, 혹은 복지제도와 접촉하는 일이 있어야 했기 때문이다. 그러다가 1916년 매디슨 그랜트Madison Grant[39]라는 한 미국 남자가 (나중에 히틀러라는 한 독일 남자가 자신의 "성경"[40]이라고 부르게 될) 우생학 책 한 권을 출판했다. 《위대한 인종의 소멸》이라는 그 책에서 그랜트는 어떤 면에서는 골턴이 SF로 구상했던 비전과 유사한 정책을 제안했다. 전국의 모든 "도덕적으로 비뚤어진 자, 정신적 결함이 있는 자, 유전적 불구자들"[41]을 자선의 명목으로 한데 모아 "불임화하자"는 것이었다.[42] 미국의 우생학자들은 그것이 아주 훌륭한 방법이라고 생각했다. 10여 년 뒤 독일에서 히틀러가 최초의 강제 불임화법을 통과시켰을 때 미국의 우생학자이자 의사인 조지프 드자넷은 "우리의 게임에서 독일인들이 우리를 이기고 있다"며 우는 소리를 했다.[43]

그러나 모든 미국인이 유전적 정화를 통해 더 나은 사회를 만들자는 계획에 열성적이었던 것은 아니다. 매우 큰 목소리로 반대하는 이들도 있었다. 1910년에 미국변호사협회장은 우생학 불임화를 "야만적"[44]이라고 했고, 오리건주 반불임화연맹 소속 한 변호사는 "폭정과 억압의 엔진"[45]이라고 말했으며, 가톨릭교회는 불임화가 생명의 신성함을 침해한다는 이유로 적극적으로 반대의 목소리를 냈다. 1906년 펜실베이니아 주지사 새뮤얼 페니패커는 세계 최초의 강제 불임화법이 될 뻔한 법안을 무산시키면서, "그러한 수술을 허가하는 것은… 주가 보호할 의무를 지닌… 무력한 사람들에게 잔인한 행위가 될 것"이라고 말했다.[46]

여기에 과학적 이견도 점점 쌓여갔다. 점점 더 많은 학자들이 우생학을 뒷받침하는 과학을 "부패한"[47] 과학이라 평하며, 가난과 방탕, 문맹, 범죄성 등 우생학자들이 불임화로써 근절할 수 있다고 생각하는 여러 특징들에서는 그 사람이 처한 환경이 결정적인 역할을 한다고 지적했다. 또 다른 과학자들은 자선이 실질적 악화를 초래한다는 "퇴화" 개념 자체의 타당성에 의문을 제기했다. 그들은 생명체가 "역행"한다는 데이비드의 주장, 예를 들어 멍게가 다른 종들의 먹이에 의지한 결과 한자리에 고정된 주머니로 퇴보한 것이라는 주장에 설득되지 않았다. 후에 이 회의론자들이 옳았음이 밝혀졌다.

무엇보다 이견의 핵심은 《종의 기원》에 있었다. 어째선지 데이비드와 프랜시스 골턴은 둘 다 그 결정적인 사실을 흘려버렸다. 한 종을 강력하게 만들고, 그 종이 미래까지 지속하게 해주며, 혼돈이 홍수, 가뭄, 해수면 상승, 기온 급변, 경쟁자, 약탈자, 해충의 침략 등 가장 강력한 형태의 타격을 가해올 때도 그 종이 버틸 수 있게 해주는 것으로 다윈은 무엇을 꼽았을까? 바로 변이다. 행동과 신체의 특징에 변화를 일으키는, 유전자에 생긴 변이 말이다.

동질성은 사형선고와 같다. 한 종에서 돌연변이와 특이한 존재들을 모두 제거하는 것은 그 종이 자연의 힘에 취약하게 노출되도록 만들어 위험을 초래한다. 다윈은 《종의 기원》의 거의 모든 장에서 "변이"[48]의 힘을 칭송한다. 그는 다양성이 있는 유전자 풀이 얼마나 건강하고 강력한지,[49] 서로 다른 유형 개체 간의 이종교배가 그 자손에게 얼마나 큰 "활력과 번식력"을 만들어주는지,[50] 심지어 완벽하게 자기 복제할 수 있는 벌레들과 식물들까지도 새로운 변이형을 만들어낼 수 있게끔 유성생식 능력을 갖추고 있는 것을 발견하고 "이 사실들은 정말로 이상하구나!" 하고 경탄을 금치 못했다. "이따금이라도 서로 다른 개체와 교배하는 것이 유리하거나 필수 불가결하다는 점을 생각하면 이 사실은 아주 간단히 설명된다!"[51]

이를 달리 표현하자면 "당신의 유전자 포트폴리오를 다양화하라"가 될 것이다.[52] 상황이 바뀌면 그 상황에 어떤 특징이 더 유용하게 적용될지는 아무도 모르는 법이다. 다윈은 간섭하지 말라고 특별히 강력하게 경고한다.[53] 그가 보기에 위험한 것은 인간의 눈에서 비롯된 오류 가능성, 복잡성을 이해하지 못하는 우리의 무능력이다. "적합성에 대한 우리의 관점에서는 불쾌하게"[54] 보일 수 있는 특징들이 사실 종 전체나 생태계에는 이로울 수도 있고, 혹은 시간이 지나고 상황이 바뀌면 이로운 것이 될 수도 있다는 것이다. 기린에게 경쟁자에 대한 우위를 갖춰준 것은 그 거추장스러운 목이었고, 바다표범이 심한 추위에도 번성할 수 있었던 것은 움직이지 못할 만큼 무거워 보이는 체지방 덕분이었으며, 대다수가 생각도 할 수 없는 발명과 발견, 혁명을 이루게 한 열쇠는 확산적 사고를 하는 뇌일 것이다. "인간은 눈에 보이는 외부 형질에만 영향을 미칠 수 있지만, (…) 자연은 외양에는 전혀 신경 쓰지 않는다. (…)

자연은 모든 내부 기관과 모든 미세한 체질적 차이에, 생명의 전체 조직에 영향을 미칠 수 있다."[55]

남조세균cyanobacteria의 경우[56]를 생각해보자. 바다에 사는 이 작은 초록 점 같은 생물은 인간의 눈에 너무나 하찮게 보여 수세기 동안 우리에게는 그것을 지칭하는 이름조차 없었다. 1980년대 어느 날, 우리가 호흡하는 산소의 상당량을 이 남조세균들이 생산한다는 사실을 과학자들이 우연히 발견하기 전까지는 말이다. 이제 우리는 이 작은 초록 점들인 *프로클로로코쿠스 마리누스 Prochlorococcus marinus*에게 경외심을 느끼고, 그것들을 보호하기 위해 고군분투한다. 이것이 바로 다윈이 예언했던 그런 상황이다. 그가 지구의 수많은 생명들의 순위를 정하지 말라고 그토록 뚜렷이 경고한 이유는 "어느 무리가 승리하게 될지 인간은 결코 예측할 수 없"기 때문이다.[57]

인간의 지력으로 도저히 다 이해할 수 없는 생태의 복잡성에 대한 이러한 조심스러움과 겸손함, 공경하는 마음은 사실 대단히 오래된 것이다. 이는 때로 "민들레 원칙"[58]이라고도 불리는 철학적 개념이다. 민들레는 어떤 상황에서는 추려내야 할 잡초로 여겨지지만, 다른 상황에서는 경작해야 하는 가치 있는 약초로 여겨지기도 한다.

우생학자들은 이런 단순한 상대성의 원칙을 고려하지 못한 것이다. 유전자 풀에서 "필수 불가결한"[59] 다양성을 제거하려고 노력함으로써 그들은 사실상 지배자 인종을 구축할 최선의 기회를 망쳐버리고 있었던 셈이다.

* * *

그러나 이러한 철학과 도덕, 심지어 과학의 주장 중 어느 것 하나도 우생학에 대한 데이비드의 확신을 뚫고 들어가지는 못한 것 같다. 다른 우생학자들과 함께 그는 반대자들을 순진하고 감상적이며,[60] 너무 아둔해서 더 큰 그림을 보지 못하는 거라고 무시하고 넘겼다. 데이비드는 《당신의 가계도》라는 우생학 선언서에서 "교육은 결코 유전을 대체하지 못한다"[61]고 단언하며 이렇게 덧붙였다. "이 문제를 직설적으로 표현한 아랍의 속담이 하나 있다. '아버지가 잡초이고 어머니도 잡초인데 딸에게 사프란 뿌리가 되기를 기대하는가?'"[62]

반대가 점점 더 거세지자 데이비드는 미국에서 강제적인 우생학 프로그램을 만들기 위한 노력을 더욱 강력히 밀어붙였다. 자신의 친구이자 돈 많은 과부인 메리 해먼을 설득해 우생학기록보관소Eugenics Record Office, ERO를 세우기 위한 자금으로 50만 달러[63](현재 가치로 약 1300만 달러) 이상을 기부하게 했다. ERO는 뉴욕주 콜드스프링하버에 위치한 번쩍이는 새 건물에 들어선 우생학 연구의 중심지였다. 이어서 ERO는 미국인 수만 명에 이르는 엄청난 양의 데이터를 수집했다. 그런 다음 그 정보를 활용해 가난, 범죄성, 방탕함, 부정직, 바다를 좋아하는 취향(이를 가리키는 "바다 애호thalassophilia"[64]라는 임상 용어도 생겨났다) 등의 복잡한 현상들이 모두 미리 정해진 채 핏속에 흐르고 있다는 걸 암시하는 가계도를 만들었다.[65] ERO가 몇 가지 제대로 된 발견—예컨대 색소결핍증과 신경섬유종증의 유전에 관한 유용한 정보[66]—도 했지만, 이곳에서 이루어진 연구의 대부분이 틀렸다는 게 확실히 밝혀졌다.[67] 그 연구자들은 데이터를 조작하고 소문을 사실인 것처럼 끼워 넣는 습관이 있었다. 예를 들어 가난이나 범죄성이 다음 세대로 이어지는 것은 소용돌이처럼 복잡하고 은밀하게 작용하는 환경 요인들 때문이라는 것이 지금은 확고히 규명된 상태다.

명망 높은 ERO(록펠러 가문과 카네기 연구소에서도 상당한 지원을 받았다)가 쏟아낸 연구들에도 불구하고, 1920년대 초에 이르자 이 주제에 대한 세상의 태도가 바뀌기 시작했다. 불임수술을 실시한 것 때문에 피소되는 의사들이 점점 더 많아졌고, 뉴저지주 대법원은 "절실히 느껴지는 비인도성과 비도덕성"[68] 때문에 우생학적 불임화법 폐지를 결정했다. 전국적인 우생학 프로그램을 만들겠다는 데이비드의 꿈은 결국 흐지부지되는 것처럼 보였다.

이때 등장한 이가 앨버트 프리디Albert Priddy다. 머리를 미끈하게 빗어 넘긴 프리디는 의사이자 버지니아주 린치버그에 있는 '버지니아주 간질환자 및 정신박약자 수용소'의 책임자였다. 열성적인 우생학자였던 그는 "남자한테 미쳤다"[69]는 이유로, "방랑벽"이 있다는 이유로, "상스러운 이야기"를 했다는 이유로, 심지어 수업시간에 쪽지를 주고받았다는 이유로 여자들을 불임화한 것으로 유명했다. 1917년에 그는 조지 멀로리라는 사람이 출장을 다녀오는 동안 그의 아내와 딸을 불임화시켜 그에게 고소를 당했다. 닥터 프리디는 뭐라고 합리화했을까? 책임지는 남자가 아무도 없는 집 안에 여자들만 가득하면 그 집은 매춘굴이 분명하다는 것이었다.

"나도 당신과 마찬가지로 인간이니요." 프리디가 한 짓을 알고 나서 멀로리는 프리디에게 편지를 써 보냈다. "당신 자신 부끄런

주 아라야 해. (…) 그만하고 이제 그녀가 어떤 치급 받았는지 생각해봐요."[70] 판사는 프리디의 손을 들어줬지만, 법정 소송으로 타격을 입은 수용소는 프리디에게 불임화에 대한 태도를 좀 누그러뜨리라고 요구했다. 그러나 프리디는 뉘우치기는커녕 의지를 더욱 다졌다. 그는 "정신박약"이 유전되며 불임화로 멈춰야만 한다는 것을 배심원단에게 증명할 수 있는 사례를 찾기 시작했다.[71]

그러다 1924년의 어느 날, 닥터 프리디는 마침내 자신이 찾고 있던 것을 발견했다.[72] 캐리 벅Carrie Buck이라는 이름의 젊은 여자가 수용소에 떨궈진 것이다. 고아인 캐리는 열일곱 살에 강간을 당해 임신했고, 출산을 하고 나자 양부모가 캐리를 수용소로 보냈다. 캐리가 닥터 프리디의 수용소에 도착했을 때 그는 캐리의 얼굴에서 왠지 낯익은 느낌을 받았다. 그 높은 광대뼈와 구슬픈 눈빛, 알고 보니 매춘부라는 이유로 그 수용소에 끌려와 있는 에마 벅이 캐리의 친엄마임이 밝혀졌다. 캐리와 에마의 혈연관계를 알게 된 프리디는 캐리가 낳은 아이인 비비앤도 ERO의 유명한 우생학 연구자에게 검사를 받게 했다.[73] 이 연구자는 몇 가지 테스트—아기의 눈앞에서 동전을 굴리거나 손뼉을 쳐 주의력을 테스트하는 등—를 하고는 어린 비비앤에게서 "뒤처짐이 보인다"는 결론을 내렸다. 이 공식적 평가 결과는 프리디에게 그가 오랫동안 꿈꿔왔던 것을 안겨주었다. 그것은 바로 "정신박약"은 3세대에 걸쳐 유전될 수 있다는 증거였다.

어빙 화이트헤드Irving Whitehead라는 이름의 변호사가 캐리 벅을 대리하여 불임화에 반대하도록 지명되었는데, 폴 롬바르도의 연구에 따르면 화이트헤드는 우생학 불임화의 지지자로 닥터 프리디와 공모했을 가능성이 있는 자였다.[74]○ 검사가 캐리를 "무능하고 무지하며 무가치한 부류"에 속한다고 비난했을 때 화이트헤드는 캐리를 위한 온당한 변호가 될 만한 내용들(캐리는 학교 성적이 좋았고, 이웃과 교사들은 기꺼이 캐리의 도덕성을 보증하겠다고 했다)을 제시하지 않았고, 이 재판이 연방대법원까지 가도록 계속 항소만 했다.

1927년 4월, 데이비드 스타 조던이 76세였을 때다. 그는 이미 쇠약해지고 있었다. 바로 전해에 그의 아들 에릭—바버라를 대신해준 그의 꼬마 에릭, 그 소년은 자라서 고생물학자가 되었다[75]—이 22살의 나이로 수집 여행을 나서던 길에 자동차 사고로 사망했다. 데이비드는 그 슬픔으로 약해졌고, 너무 오랜 세월 그의 눈을 갉아먹은 포름알데히드 때문에 시력도 사라지고 있었으며, 당뇨병도 생기고,[76] 2년 뒤면 휠체어에 의지해야 할 참이었다. 그렇지만 그는 라디오에서 나오는 소식을 듣고 기운이 솟았을 것이다. ERO, 바로 그가 창설에 도움을 주었던 그 기관의 과학자들이 연방대법원에 "도덕적 해이"[77]는 피에 부호화되어 있으며 강제 불임화로 제거할 수 있다고 주장하는 증거를 제출한 것이다. 한때 데이비드의 머릿속에 담긴 희미한 아이디어였던 이 관념은 사람들의 생각을 바꿔놓으려는 그의 노력을 통해 이제 이 지구상에 존재하는 하나의 실체가 되었고, 그 실체는 너무 실질적이어서 이제 곧 연방법으로 지정될 태세였다.

○ 어빙 화이트헤드는 프리디의 친구이자 버지니아주 '간질환자 및 정신박약자 수용소'의 전 수용소장이었다. 또한 캐리를 강간한 범인은 캐리를 수용소로 보낸 양부모의 조카였다. 《내 아들은 조현병입니다》(론 파워스 지음, 정지인 옮김, 심심, 2019) 참고.

음산한 얼굴의 대법관 아홉 명은 불임화가 범죄와 질병, 가난, 고통에 맞서 시민들을 보호해줄 견실한 방법이라고 주장하는 솔깃한 말들과 복잡한 가계도들로 이루어진 증거를 검토했다. 그들은 소심하고 남의 말을 잘 믿는 소녀 캐리에 대해서도 생각했다. 첫 재판에서 캐리는 자신을 변호하기 위해 할 말이 있느냐는 질문에 이렇게 대답했다. "아닙니다, 저는 할 말이 없습니다. (…) 그건 우리 국민들이 판단할 일입니다."[78] 국민을 대표하는 그 사람들은 8대 1의 투표 결과로 "우리가 무능력의 늪에 빠지는 것을 방지하기 위해"[79] 강제 불임화를 법률로 만들었다.

다섯 달 뒤 캐리 벅은 린치버그 수용소에 있는 땅딸막한 벽돌 건물 이층으로 끌려갔다. 천창으로 들어오는 햇빛이 수술하는 의사에게 더 밝은 빛을 비춰주는 그런 방이었다.[80] 캐리는 수술대에 눕혀졌고, 치골 바로 위의 살이 메스로 열렸다. 의사는 탐침으로 나팔관의 위치를 찾아 재빠르게 양쪽 나팔관을 잡아맸다. 그런 다음 잘린 끝부분이 풀리지 않도록 석탄산으로 봉했다.[81]

수술 후 깨어난 캐리는 새로운 현실을 맞이했다. 이제 다시는 그녀만의 독특한 눈과 그녀의 고유한 특징들을 물려받은 아이가 이 지구 위를 걸어 다닐 일은 없을 것이라는 현실이었다.

캐리의 소송은 미국 전역에서 "공공복지"[82]의 이름으로 6만 건 이상의 불임화가 합법적으로, 그리고 당사자의 의지를 거슬러 실시될 길을 닦아놓았다. 그 "부적합자"들 중 다수는 잊혔지만, 연구자들은 그들이 찾아낸 이야기들이 다시 어둠 속에 묻히지 않도록 분투했다. 2007년에 미시건대학의 역사학자 알렉산드라 미나 스턴Alexandra Minna Stern은 새크라멘토의 한 관청에 있는 오래된 파일 캐비닛에서 마이크로필름을 발견했다.[83] 데이비드의 제2의 고향인 캘리포니아에서 1919년부터 1952년까지 불임화 수술을 받은 사람의 이름과 인적 정보가 담겨 있는 일종의 우생학 기록부였다. 그 명단에는 거의 2만 명의 정보가 담겨 있었다.[84]

스턴은 한 연구팀과 함께 수년간 그 기록들을 분석했고, "부적합자"란 말이 실제로 무엇을 의미하는지, 어떤 부류의 사람들이 그 범주 안에서 살아갔는지에 관한 그림을 완성할 수 있었다. 스턴의 글에서 알 수 있듯 부적합하다고 여겨진 사람들은 "성적으로 문란하다고 판단된 젊은 여자들, 멕시코와 이탈리아, 일본 이민자의 아들과 딸들… 그리고 성적인 전형에서 벗어난 남녀들"이었다.[85] 다른 연구들은 과도하게 치우친 비율로 많은 유색인 여성들이 불임화의 표적이 되었음을 보여주었다.[86] 미국 정부는 1970년대 초에 아메리카 원주민 여성 2500명 이상을 강제로 불임화했음을 인정했다.[87] 노스캐롤라이나 우생학위원회는 1960년대와 1970년대에 수백 명의 흑인 여성들을 찾아내 불임화했다.[88] 그리고 당혹스럽게도 1933년과 1968년 사이 푸에르토리코 출신 여성 중 약 3분의 1이 미국 정부에 의해 불임화되었다.[89]

그런데 이 모든 일을 가능하게 했던 판결은 아직도 법전에 그대로 남아 있다. 그렇다. 캐리 벅 소송의 대법원 판결은 이후 한 번도 뒤집히지 않았다. 우리가 도달한 가장 높은 발전 단계에서도, 만약 당신이 "부적합"하다고 여겨지는 사람이라면 정부는 당신을 집에서 끌어내 당신의 배를 칼로 긋고 당신의 혈통을 끊어버릴 권리를 지금도 갖고 있는 것이다.

대부분의 법학자는 그 판결 이후 모든 주가 우생학 불임화법을 폐지했으므로 그 연방법은 *기술적으로* 유명무실한 상태라고 말할 테지만, 절반에 가까운 주들이 여전히 부적합하다고 여겨지는 사람들에게 본인의 의사에 반하는 불임화 수술을 허용하고 있는 것이 엄연한 현실이다. 다만 이제는 '부적합'이란 표현 대신 "정신적으로 무능력한"이나 "정신적 결함이 있는"[90] 같은 표현을 쓰는 것이 다를 뿐이다.

그동안 강제 불임화는 전국에서 "조용한 방식"으로 계속 시행되고 있다. 그중 다수가 (저소득층 병원이나 마약중독 클리닉, 교도소, 장애인 수용시설 등에서) 기록을 남기지 않고 행해져 밝혀내기가 어렵지만, 큰 사건들은 지금도 몇 년에 한 번씩 세상에 드러나고 있다. 예컨대 2006년부터 2010년까지 캘리포니아주 교도소에서는 150명에 가까운 여성에게 동의도 얻지 않고 때로는 본인들도 모르게 불법적으로 불임화 수술을 자행했다.[91] 그리고 2017년 여름에는 테네시주의 샘 베닝필드라는 판사가 잡범들에게 불임화를 받는 대가로 수감 형량을 줄여주겠다고 제안한 것이 드러났다.[92]

바로 이것이다. 과거와 다르지 않은 사고방식, 골턴의 어리석음, 가난과 고통과 범죄가 혈통의 문제이며 칼로 잘라 사회에서 제거할 수 있다는 잘못된 믿음. 이 나라에서 우생학 이데올로기는 결코 죽지 않았다. 우리는 우생학에 끈덕지게 달라붙어 있는 나라다.

워싱턴의 내셔널몰을 따라 걷다가 21번가에 도착해서 북쪽을 바라보면 그가 보인다. 미국 과학의 사원인 국립과학아카데미로 들어가는 길목에 청동으로 새겨진 프랜시스 골턴이 있다.[93] 스탠퍼드대학의 주 산책로를 따라 올라가면 제일 먼저 마주치는 조각상 중 하나가 루이 아가시다. 흑인은 인간보다 낮은 종이라고 믿었던 루이 아가시가 여전히 코린트식 기둥 위에서 내려다보고 있다. 그의 등 뒤에는 전면 전체에 아치가 나란히 늘어서 있고, 점토 기와를 올린 거대한 사암 건물이 있다. 그 건물에는 사회의 가장 취약한 집단을 "몰살"시킬 것을 촉구하며 전국을 누볐던 남자를 기리는 이름이 붙어 있다. 바로 "조던 홀Jordan Hall"이다.

II.

사다리

Why Fish Don't Exist

데이비드 스타 조던은 죽는 날까지 열광적인 우생학자로 남았다. 마지막 순간의 깨달음이나 회한을 보여주는 증거는 전혀 없다. 자기 노력의 결과로 칼질을 당하고 흉터와 수치만 남은 수천 명에 대해서도, 자기 권력을 놓지 않으려 투쟁하는 와중에 짓밟힌 사람들—제인 스탠퍼드, 그에게 명예가 훼손된 의사들, 그가 해고한 스파이, 그에게 성도착자 소리를 들은 사서—에 대해서도.

오싹했다. 그 잔인성과 무자비함이. 그 추락의 무지막지한 깊이와 그 파괴적 광란의 크기가. 토할 것 같았다. 내가 모델로 삼으려 했던 자는 결국 이런 악당이었던 것이다. 자기 자신과 자신의 생각에 대한 확신이 너무나 강한 나머지, 이성도 무시하고 도덕도 무시하고, 자기 방식이 지닌 오류를 직시하라고 호소하는 수천 명의 아우성—*나도 당신과 마찬가지로 인가니요*—도 무시해버린 남자.

어떻게 이런 일이 일어난 것일까? "숨어 있는 보잘것없는"[1] 것들에 몰두하고 관심을 기울이던 그 상냥했던 소년이, 어떻게 바로 그 숨어 있는 보잘것없는 존재들을 기꺼이 말살하려는 남자가 된 것일까? 그의 이야기 중 어느 지점에서 변한 것일까? 그리고 왜?

데이비드의 정서적 해부도를 쫙 펼쳐놓고 볼 때 가장 눈에 띄는 원흉은 그 스스로 상당히 자랑스러워했던 두툼한 "낙천성의 방패"가 아닌가 싶다. 데이비드는 "자기가 원하는 것은 다 옳은 것이라고 자신을 설득할 수 있는 무시무시한 능력"[2]을 지니고 있다고 쓴 루서 스피어는 그가 자기 자신에게 갖는 확신과 자기기만과 단호함이 세월이 흐를수록 더 강화되는 모습에 충격을 받았다. "자기 길을 막는 모든 걸 뭉개버릴 수 있다고 믿는 그의 능력은 자신의 길이 진보로 이어질 올바른 길이라고 확신하게 되면서 몇 배는 더 커졌다."[3] 데이비드는 공개적으로는 자기기만을 그토록 공격했지만 *사적으로는*, 특히 시련의 시기에는 더욱더 자기기만에 의존했던 듯하다. *운명의 형태를 만드는 것은 사람의 의지다.* "긍정적 착각은 견제하지 않고 내버려둘 경우 그 착각을 방해하는 것은 무엇이든 공격할 수 있는 사악한 힘으로 변질될 수 있다"고 경고한 그 심리학자들의 말이 옳았던 것 같다.

하지만 이것으로 모든 걸 다 설명할 수 있을까? 데이비드는 자신의 우생학 의제를 얼마나 강경하게, 어디까지 밀어붙일 수 있었을까? 과도한 확신, 그릿, 자부심이 섞이면 위험한 혼합물이 만들어지는 것은 분명하지만, 이것만으로는 그가 유전적 정화라는 대의에 그토록 광신적으로 몰두한 것이 완전히 설명되지 않는다.

나는 거꾸로 거슬러 올라가면서 그가 경로를 이탈한 지점을, 그의 방향타를 슬쩍 밀어 그가 그토록 파멸적으로 경로를 벗어나게 만든 사건 혹은 개념을 찾기 시작했다. 그의 인생의 장들을 배를 타고 태평양을 가로지른 여행부터 팰러앨토의 에덴동산, 블루밍턴에서 있었던 화재, 뉴욕주 북부에서 보낸 소년 시절에 별이 총

총했던 밤들까지 거꾸로 하나하나 훑었다. 한 해 한 해 차례로 그의 이야기들을 체로 거르고, 차곡차곡 쌓인 만남들을 유리단지 하나하나, 물고기 하나하나 내려서 살펴보았다.

그러다 마침내 나는 제비들이 원을 그리며 날아다니는 페니키스 섬의 헛간에서 루이 아가시가 젊은 데이비드의 정신에 관념의 씨앗 하나를 심어놓는 순간에 다다랐다. 그것은 자연 속에 사다리가 내재해 있다는 믿음이었다. *자연의 사다리.* 박테리아에서 시작해 인간에까지 이르는, 객관적으로 더 나은 방향으로 향하는 신성한 계층구조.

이 관념이 데이비드의 세계를 다시 건축했다. 그것은 꽃을 수집하던 그의 부끄러운 습관을 "가장 높은 수준의 선교 활동"으로 바꿔놓았다. 그리고 그의 가슴속 비어 있는 공간을 그가 평생 인생을 항해하면서 직업과 상과 아내와 자녀와 학장직을 얻을 수 있도록 이끌고 다닐, 폭발적인 목적의식으로 가득 채웠다. 그 관념은 그가 하나의 재앙을 헤쳐나가고 이어서 다음 재앙을 헤쳐나가는 연료가 되어주었다. 그는 지느러미나 두개골의 형태 속에 도덕적 안내도가 담겨 있다는 믿음을 품고서, 나침반처럼 자연을 읽으며 앞으로 나아갔다. 그는 충분히 꼼꼼하게 살펴보면 누구를 모방해야 할지, 누구를 비난해야 할지 알아낼 수 있을 거라 확신했다. 한마디로 깨달음으로, 평화로, 그 무엇이든 사다리의 꼭대기에 놓여 있을 열매를 향해 나아가는 진실한 경로를 알게 될 거라고.

그리고 인류가 쇠퇴해가는 모습을 목격했다고 생각했을 때, 필요하다면 어떤 수단을 동원해서라도 인류를 구출해야 한다는 소명을 느꼈다. 그는 자연의 질서에 관한 믿음을 칼날처럼 휘두르며, 인류를 구원할 가장 건전한, 아니 유일한 방법은 불임화라고 사람들을 설득했다.

"언젠가 올리버 크롬웰이 했던 말을 그가 생각해보았다면 좋았을 텐데 말입니다."[4] 6월 어느 날 아침, 나와 통화하던 루서 스피어가 자신이 아주 오랜 세월 연구해온 이 남자를 이해해보려고 애쓰던 중 한 말이다. "'그리스도의 심정에서 보면 그대들이 착각한 것일 수도 있음을 고려해볼 것을 그대들에게 간청합니다'라는 말을요."○

"그가 좀 더 의심하는 마음을 가졌더라면 좋았을 거라는 말씀인가요?"

"그렇죠."

하지만 데이비드는 그러지 않았다. 자신의 예언자가 해준 경고, "일반적으로 과학은 믿음을 싫어한다"라는 경고에도 불구하고, 데이비드는 그 사다리에 관한 관념을 고수했다. 결국에는 그 관념을 갉아서 무너뜨렸어야 마땅할 반대 증거들이 파도처럼 몰아닥치는 앞에서도 그는 그걸 꼭 붙잡고 끝내 놓지 않았다.

다윈이 나타나 신의 계획이라는 관념이 허상임을 폭로했을 때, 데이비드는 지구의 피조물들이 우연히 생겨났다는 사실을 받아들였다. 하지만 완벽함의 계층구조에 관한 관념을 유지하는 방법을 어떻게든 찾아내려 애썼다. 그는 자신에게 이렇게 말했다. 생명의 형태를 만드는 것은 신이 아니라 시간이라고. 천천히 째깍거

○ 잉글랜드 내전기에 던바전투를 앞두고 크롬웰이 스코틀랜드 교회 총회에 보낸 편지에서 쓴 말. 1650년 9월 3일 크롬웰이 이끄는 잉글랜드군과 스코틀랜드군이 맞서 싸운 던바전투에서 잉글랜드군이 완승을 거둠으로써 크롬웰은 스코틀랜드 정복을 완수했다.

리며 흘러가는 시간이 더 적합하고, 더 지적이며, 도덕적으로 더 진화된 생명의 형태를 만들어가는 것이라고.

자신의 우생학 의제에 대한 반대의 목소리가 점점 더 커지는 상황에 직면했을 때, 판사와 변호사, 주지사들이 우생학 법률을 폐지하기 시작했을 때, 그는 그들을 감상적이고 비과학적이라고 일축했다.[5] *과학자*들이 도덕성의 유전 가능성과 퇴화라는 개념이 얼마나 허술한 가정인지 지적하며 우생학에 의문을 제기하기 시작하자, 그는 그들의 용기와 사회 개선이라는 대의에 대한 헌신을 의심했다.

하지만 가장 옴짝달싹할 수 없는 논거는 자연 자체에서 온 것일 터다. 데이비드가 자연에서 진리를 찾으라는 자신의 충고를 따랐다면, 그 역시 그 논거를 보았을 것이다. 눈부시게 깃털을 푸덕거리고 꽥꽥거리고 콸콸 쏟아지는 반대 증거의 무더기 말이다. 동물은 인간이 스스로 우월하다고 가정하는 거의 모든 기준에서 인간보다 더 우수할 수 있다. 까마귀는 우리보다 기억력이 좋고,[6] 침팬지는 우리보다 패턴 인식 능력이 뛰어나며,[7] 개미는 부상당한 동료를 구출하고,[8] 주혈흡충은 우리보다 일부일처제 비율이 더 높다.[9] 지구에 사는 모든 생물을 실제로 검토해볼 때, 인간을 꼭대기에 두는 단 하나의 계층구조를 그려내기 위해서는 상당히 무리해서 곡예를 해야 한다. 우리는 가장 큰 뇌를 갖고 있지도 않고 기억력이 가장 좋은 것도 아니다. 우리는 가장 빠르지도, 가장 힘이 세지도, 번식력이 가장 좋지도 않다. 같은 배우자와 평생을 함께하고, 도구나 언어를 사용하는 것은 인간만이 아니다. 심지어 우리는 지구에 가장 새롭게 나타난 생물도 아니다.

이것이 바로 다윈이 독자들에게 알려주려고 그토록 노력했던 점이다. 사다리는 없다. *나투라 논 파싯 살툼Natura non facit saltum*, "자연은 비약하지 않는다"고[10] 다윈은 과학자의 입으로 외쳤다. 우리가 보는 사다리의 층들은 우리 상상의 산물이며, 진리보다는 "편리함"을 위한 것이다. 다윈에게 기생충은 혐오스러운 것이 아니라 경이였고,[11] 비범한 적응성을 보여주는 사례였다. 크건 작건, 깃털이 있건 빛을 발하건, 혹이 있건 미끈하건 세상에 존재하는 생물의 그 어마어마한 범위 자체가 이 세상에서 생존하고 번성하는 데는 무한히 많은 방식이 존재한다는 *증거*였다.[12]

그런데 데이비드는 왜 그걸 보지 못한 걸까? 사다리에 대한 그의 믿음을 반증하는 증거들이 이렇게 산더미처럼 쌓여 있는데. 식물과 동물이 배열되는 방식에 관한 이 자의적인 믿음을 왜 그토록 보호하려 한 걸까? 그 믿음에 도전이 제기되면 왜 더욱 강하게 그 믿음을 고수하고 폭력적인 조치를 합리화하는 데 그 믿음을 사용했을까?

아마도 그 믿음이 그에게 진실보다 더 중요한 무언가를 주었기 때문일 것이다.

그것은 단지 페니키스 섬에서 젊은 그에게 처음으로 불꽃을 당긴 목적의식만도, 경력과 대의와 아내와 편안한 생활에 대한 보장만도 아니었다. 훨씬 더 심오한 무엇, 그것은 바다와 별들과 현기증 나는 그의 인생을 휘몰아가는, 소용돌이치는 늪을 깔끔하고 빛나는 질서로 바꾸는 방법이었다.

처음 다윈을 읽을 때부터 마지막으로 우생학을 밀어붙일 때까지 어느 시점에서든 그 믿음을 놓아버리는 것은 다시 현기증을 불러들이는 일이었을 것이다. 방금 자신의 형을 앗아간 세상 앞에서 상실감에 가득 차 떨고 있던 어린 소년으로 되돌아가는 느낌이었을 것이다. 세상 앞에서, 그 세상을 전혀 이해할 수도 통제할 수도 없는, 겁에 질린 무력한 아이로. 그 계층구조를 놓아버리는 것은 삶의 회오리바람을 풀어놓는 일, 딱정벌레와 매와 박테리아와 상어가 회오리바람에 휩쓸려 공중으로 날아올라 그의 주변, 그의 위에서 빙빙 돌게 하는 일이었을 것이다.

그것은 지독히도 방향 감각을 앗아가는 일이었을 것이다.

그것은 혼돈이었을 것이다.

그것은—

—내가 어려서부터 똑바로 바라보지 않으려고 무던히도 애써왔던 바로 그 세계관이었을 것이다. 아무런 목적도 의미도 없이, 개미들과 별들과 함께 세상의 가장자리에서 떨어져 내리는 느낌. 소용돌이치는 혼돈의 내부에서 바라본, 차마 마주 볼 수 없을 만큼 눈부시고 가차 없고 뚜렷한 진실. *너는 중요하지 않아*라는 진실을 흘낏 엿본 바로 그 느낌일 것이다.

그 사다리가 데이비드에게 준 것은 바로 이것이다. 하나의 해독제. 하나의 거점. 중요성이라는 사랑스럽고 따스한 느낌.

그런 관점에서 보면 나는 그가 자연의 질서라는 비전을 그토록 단단하게 붙잡고 늘어졌던 이유를 이해할 수 있을 것 같다. 도덕과 이성과 진실에 맞서면서까지 그가 그렇게 맹렬하게 그 비전을 수호한 이유를. 바로 그 때문에 그를 경멸했음에도 어느 차원에서는 나 역시 그가 갈망한 것과 똑같은 것을 갈망했다.

★ ★ ★

나는 데이비드 스타 조던의 자서전을 덮었다. 2권이자 마지막 권인 올리브색의 책. 나는 그 책을 헤더의 시카고 아파트에서 내가 머물던 작은 손님방 침실 탁자에 올려두었다. 밤공기가 차분했다. 헤더는 시내 건너편에 있는 남자친구의 집에 갔다. 비명을 지르는 듯한 도시의 뜨거운 빛이 창을 뚫고 들어왔다.

별이 몇 개 떠 있었다. 잘 보이지는 않지만, 우리가 분홍색 쓰레기더미로 만들어버린 하늘 저 너머에서 분명 눈을 깜빡거리고 있을 것이다. 나는 탈출하려고 그토록 애써온 지구로 다시 돌아왔다. 무슨 일을 하든, 자신의 사명에 대한 믿음이 얼마나 강하든, 얼마나 열심히 뉘우치든 어떤 피난처도 약속도 주지 않는 황량한 지구로.

나는 살면서 내 인생의 많은 좋은 것들을 망쳐버렸다. 그리고 이제는 더 이상 나 자신을 속이지 않으려 한다. 그 곱슬머리 남자는 결코 돌아오지 않을 것이다. 데이비드 스타 조던은 나를 아름답고 새로운 경험으로 인도해주지 않을 것이다. 혼돈을 이길 방법은 없고, 결국 모든 게 다 괜찮아질 거라고 보장해주는 안내자도, 지름길도, 마법의 주문 따위도 없다.

자, 이렇게 희망을 놓아버린 다음에는 무슨 일을 해야 하지? 어디로 가야 할까?

12.

민들레

린치버그로 가는 길 양옆에는 총기 상점들이 끝없이 늘어서 있다. 심지어 주유소에서도 총을 판다. *신제품 글록 권총! 사격장! 탄약 25% 할인!* 나는 버지니아주 간질환자 및 정신박약자 수용소로 차를 몰고 가는 중이다. 데이비드의 기상천외한 아이디어가 현실로 바뀐 곳이자, 수천 명이 사회에서 격리되고 감금되고 불임화된, 이른바 담장으로 둘러싸인 억류의 장소.

제임스 강을 건너서 오른쪽으로 꺾어 콜로니 로드로 접어들었다. 1.5킬로미터 정도 되는 일차선 포장도로였다. 수용소로 들어가는 입구 바로 앞에는 자갈이 깔린 임시정차 구역이 있고, 거기서 갈 수 있는 거리는 아니지만 라벤더 무리처럼 물결 지는 블루리지 산맥이 멀리서나마 보였다.

정문에 도착해서야 이제는 문이 없다는 사실을 알아차렸다. 한쪽으로 커다란 벽돌 제방만이 쌓여 있었다. 마치 운전자들에게 한때 힘을 발휘하던 경계선이 존재했음을 상기시키려는 듯. 표지판 하나가 이곳이 금연 시설이며, 지금은 센트럴 버지니아 훈련센터라고 불린다는 것을 알려주었다. 나는 장애가 있는 사람들이 지금도 여기에 살고 있다는 사실에, 이곳이 여전히 주립 보호시설로

운영되고 있다는 사실에 충격을 받았다. 내가 방문한 당시에는 생활하기에 부적합한 환경으로 보였는데, 그나마 몇 년 뒤에는 폐쇄하기로 예정되어 있단다.[1]

수용소는 내가 상상했던 것보다 훨씬 더 컸다. 수백 에이커의 땅에 60개가 넘는 건물들이 들어서 있었다. 나는 하얀 탑이 있고, 입구에 육중해 보이는 계단이 여섯 개의 기둥을 받치고 있는 불길하게 생긴 4층짜리 벽돌 건물 앞에 차를 세웠다. 이곳이 본관이고, 과거 수많은 사람들이 절차에 따라 검사를 받고 자신의 유전적 혈통을 이어가기에 부적합하다는 판정을 받은 바로 그곳이다. 주차장에는 내 차 외에 두 칸 너머에 세워져 있는 경찰차 한 대뿐이었다. 내가 여기 들어와도 되는지 확신이 서지 않아 머뭇머뭇 차에서 내렸다.

나는 부지 안의 길을 걷기 시작했다. 검은 곰팡이가 옆면으로 스멀스멀 기어 올라가고 있는 거대한 벽돌 건물 수십 채를 지났다. 모두 버려진 건물이었다. 그 시설에서 아직 기능하고 있는 부분은 언덕에서 좀 더 내려간 곳에, 이 음산한 과거의 유산에서 떨어진 곳에 자리하고 있었다. 나는 수용자들이 수용소의 수익을 위해 강제로 소와 돼지와 다양한 작물들을 돌봐야 했던 외양간과 밭을 지나쳤다. 정자 하나와 그네 하나와 묘지 옆도 지나갔다. 어쩐지 더 확대된 듯한 느낌이 드는 하늘에서 칠면조처럼 생긴 콘도르들이 선회하고 있었다.

묘지 입구를 통과해 들어가니 천 개가 넘는 무덤이 있었다.[2] 엠마 비숍, 18세. 도로시 미첼, 12세. 앨프리드 스나이더, 3세. 모든 묘비가 작고 평평한 직사각형으로 흙먼지에 뒤덮여 있었다.

나는 계속 걸었다. 이 황량하고 외딴 언덕이 우생학적 몰살의 진원이라 생각하니 오싹한 기분이 들었다. 우리가 이 나라의 정체성을 정의할 때 우리가 반대하는 것이라 간주하는 그 사고방식, 우리가 초등학생에게 나치, 다른 사람들, 나쁜 놈들에게서 시작되었다고 가르치는 바로 그 악행, 그것을 세계 최초로 국가 정책으로 삼은 나라가 바로 우리였다.

마침내 나는 캐리 벅이 불임화를 당했던 건물에 도착했다. 벽 모서리가 서서히 부식되고 있는 낮고 넓은 벽돌 건물이었다. 건물 입구 쪽에 튀어나온 포치의 바닥에 널빤지들이 떨어져 덜렁거렸고, 빗물받이 파이프는 완전히 녹이 슬어 떨어져 나갔다. 계단으로 올라가는 부분은 쇠사슬로 가로막혀 있었다. **위험: 들어가지 마시오.** 포치 아래에 지하실 창문 하나가 열려 있었다. 몸을 굽히고 그쪽으로 다가가 안을 들여다보니 낡아빠진 벽의 지하 방들이 늘어서 있는 게 보였다. 차가운 공기가 몰려와 내 얼굴을 때렸다. 고개를 들어 제일 위층의 창을 바라보았다. 그중 넉 장의 유리가 깨져서 빠져 있었다. 이제 이 안에는 태양으로부터 보호하고 위로하고 숨겨줄 사람이 아무도 없지만, 그것도 모른 채 흰 커튼만 산들바람에 나부끼고 있었다.

나는 여기서 무슨 일을 겪은 거냐고 캐리 벅에게 물어볼 수 없다. 캐리는 1983년 버지니아주에 있는 한 양로원에서 사망했다. 캐리의 딸 비비앤은 이미 수십 년 전 여덟 살의 나이에 홍역 합병증으로 사망했다. 지역 초등학교에서 우등생 명단에 오르고 얼마 지나지 않았을 때의 일이다.[3]

그러나 몇 달을 수소문한 끝에 마침내 이 수용소에 대해 아주 잘 알고 있고, 유년기의 대부분을 이 안에 갇혀서 보낸 한 여성을 찾을 수 있었다. 이름이 애나인 이 여성은 여느 엄마들의 친구처럼 보이는 친근한 인상이었다. 짧은 회색 머리, 꽃무늬 블라우스, 핸드백.

우리는 아이스크림 가게 데어리 퀸에서 처음 만났다. 우리 둘 다 초콜릿을 바른 바닐라 아이스크림콘을 먹었다. 애나는 자기 블라우스를 들추면 복부를 세로로 가로지르는 커다란 흉터가 있다고 말했다. 샤워를 할 때나 아침에 옷을 입으며 거울을 볼 때 그 흉터를 보지 않으려고 최선을 다한다고 했다. "하지만 매일 그 흉터에 대해 생각하죠."[4]

애나는 열아홉 살 때 그 수용소에서 자신의 의지에 반해 불임화를 당했다. 1967년의 일이다.[5] 그러나 그 벽돌벽 안에 처음 들어간 것은 그보다 12년 전인 겨우 일곱 살 때였다.[6] 애나와 남자 형제들이 그들의 집 뒤에 있는 우리 안에서 발가벗고 방치된 채 놀고 있는 것을 이웃 사람들이 목격했다. 주에 소속된 복지사들이 그들을 데려가려고 찾아왔다. 아이들이 가기 싫어한다는 건 중요하지 않았다. 애나는 엄마를 사랑했다. 엄마의 긴 머리와 멜빵바지를, 추운 밤이면 엄마의 침대 속으로 파고드는 애나를 받아주던 엄마를. 그러나 이웃들의 우려와 부모의 가난, 애나의 낮은 지능검사 점수만으로 이 일곱 살 소녀를 "부적합자"로, 인류에 대한 위협으로 간주하기에 충분했다.

애나는 순찰차 같은 차에 태워져 언덕 위 수용소로 가는 길고 좁은 도로를 달리던 것, 대문이 열리고 경비원이 손을 흔들어 차를 통과시키던 것을 기억했다. 사람들은 애나와 형제들을 큰 보폭으로 걷게 해서 그 불길해 보이는 벽돌 건물로 데려갔다. 애나는 자기들이 도대체 왜 거기에 오게 된 것인지 알지 못했다.

그들은 애나를 곧바로 불임화시키지는 않았다. 먼저 애나의 긴 머리를 짧게 잘랐고, 이어서 재소자 번호를 발급했으며, 그런 다음 기다리게 했다. 해가 가고 또 가는 동안 기다리게 했고, 그러는 사이 애나가 보낼 수도 있었을 또 다른 유년기는 그 대문 너머에서, 저 멀리 윤곽으로만 보이는 푸른 산등성이에서 홀로 헤매고 있었다.

애나는 자신들이 수용소에서 동물 취급을 받았다고 말했다. 커다란 단체 침실에 몰아넣고, 보수도 없이 강제로 일을 시켰다. 식사 시간에는 비가 올 때도 진눈깨비가 내릴 때도 건물 밖에서 줄 서서 기다리게 했다. 말을 듣지 않으면 "블라인드 룸"에 감금했다. 블라인드 룸은 빛이 전혀 없었고 창도 없었다. 거기 들어가면 음식도 물도 화장실도 없이, 때로는 며칠 동안 어둠 속에 방치되어 있어야 했다. 애나는 늘 발밑에 소변이 고여 있던 걸 기억했다. 강간당한 일을 이야기할 때는 특히 부끄러워했다. 블라인드 룸에서는 아니고 담당 심리학자의 사무실에서였다. 그는 문을 닫고, 검진 테이블에 애나의 다리를 묶었다.

그들은 애나에게 수용소를 떠나고 싶으면 쉬운 방법이 있다고 말했다. 그냥 불임화에 동의만 하면 자유로워질 거라고 했다. 그러나 어린 애나는 거부했다. 수술대에서 죽어간 사람들의 이야기를 들었고, 작은 묘지가 서서히 점점 더 많은 묘비로 채워지는 모습도 봐왔다.[7]

무엇보다 애나는 아이를 갖고 싶었다. 아이들이 애나의 유일한 꿈이었다. 애나는 웃음과 온기가 가득한 활기찬 가정을 꾸리길 원했다. 애나는 자기가 그렇게 할 수 있는 사람이라는 걸 알았다. 그리고 애나를 잡아 가둔 사람들 역시 어느 정도는 분명 그 사실을 알았을 것이다. 왜냐하면 그 수용소에서 애나가 하던 일이 수용된 아이들을 돌보는 일이었기 때문이다. 애나는 아이들을 목욕시키고 노래를 불러주고 파자마를 갈아 입혀주고 흔들어서 재워주었다. 나라의 아이들을 돌보는 일에는 적합하지만, 자신의 아이를 돌보기에는 부적합하다는 것일까.

여러 해 동안 애나는 누군가—부모나 대통령이나 어디선가 선을 위해 투쟁하는 누군가—가 와서 자신을 해방시켜주기를 소망하며 불임화를 거부했다. 자신의 정체성에서 지키고 싶은 한 부분, 바로 어머니라는 정체성을 자신을 억류하고 있는 사람들에게 내어주기를 거부했다. 자신을 계속 살아가게 해주는 단 하나의 희망의 근원을 넘겨주기를 거부한 것이다.

1960년대 초 어느 날, 수용소에 어린 소녀 한 명이 들어왔다. 소녀의 이름은 메리였고, 충격과 두려움에 떨고 있었으며, 너무나 집에 가고 싶어 했다. "나는 그 아이에게 걱정하지 말라고, 다 괜찮아질 거라고 말했어요."[8] 당시 열세 살이던 애나는 어린 메리의 보호자를 자처했다. 메리가 탄 그네를 밀어주고, 남자아이들과 말을 주고받을 때는 자기 옷자락을 꼭 붙들고 있게 해주었으며, 피해야 하는 직원이 누구인지, 사탕을 나눠주는 직원이 누구인지 알려주었다. 나중에 메리는 내게 애나가 없었다면 그곳에서 어떻게 살아남을 수 있었을지 알 수 없다고 말했다.[9]

이윽고 애나는 청소년기가 끝나고 성인기에 접어들었다. 다리에도 마음에도 새로운 근육이 생긴 애나는 담을 넘어 숲으로 달아날 수 있었다. 애나는 달렸다. 언덕을 내려가고, 나무들 사이를 달려 산으로, 철로로, 무엇이든 그 수용소가 아닌 다른 곳을 향해 달렸다. 하지만 시내에 도착하기도 전에 경찰에게 붙잡혔다. 그들은 애나를 순찰차에 태워 다시 수용소로 데려갔다. 대문이 애나 뒤에서 잠겼고, 애나는 탈출을 시도한 벌로 구타를 당했고, 그들은 애나의 머리를 벽에 대고 쿵쿵 찧었다.

부적합, 그것은 판단이 아니라 그냥 엄연한 하나의 사실이다.

그러다 1967년, 찌는 듯이 무더운 8월의 어느 날, 애나가 열아홉 살이 된 지 두어 달이 지났을 때 간호사가 애나에게 검진을 해야 한다고 말했다.[10] 간호사는 애나를 검사실로 데려가 얼굴에 마스크를 씌운 뒤 방을 나갔다. 그 순간 애나는 벽이 파도치듯 일렁이다 흐릿해지는 걸 보았다. 애나는 자신이 안락사를 당하고 있다고 생각했다. "나는 이제 끝났다고 생각했어요. 이제 다시는 깨어나지 못할 거라고." 애나가 내게 말했다. "하지만 나는 깨어났죠."

깨어나기는 했다. 깨어나 붕대가 감긴 배를, 도둑질을 감추려고 대충 꿰맨 스물다섯 개의 바늘땀을 발견했다. 그녀에게 무슨 짓을 한 건지 아무도 말해주지 않았다. 그저 이제 곧 자유롭게 떠날 수 있을 거라는 말만 했다.

지금 애나는 그 수용소가 아직도 위협적으로 버티고 있는 언덕에서 겨우 몇 킬로미터 떨어진 곳에 방 두 개짜리 아파트에 살고 있다. 그 집의 또 다른 거주자는 어려서부터 친한 친구였던 메리다. 두 사람은 십여 년 전부터 함께 살기 시작했다. 린치버그 수용소에서 나온 뒤 메리는 애나의 동생 로이와 결혼했다. 그 결혼은 오래가지 않았지만, 애나와 메리는 시누이와 올케로 가족이 된 느낌이 너무 좋아서 여전히 자매처럼 지낸다.

아파트에 도착하자 애나가 문을 열어주었다. 메리는 안락의자에 앉아 손 대신 지팡이를 흔들며 포옹하러 오라는 신호를 보냈다. 새들이 짹짹거리는 소리가 들렸다. 두 여인은 내게 작은 앵무새 한 쌍을 소개해주었다. 프리티 보이와 프리티 걸, 하나는 노랑색, 하나는 파랑색이었다. 아이비와 다육식물, 덩굴을 늘어뜨린 필로덴드론 등 다양한 식물들이 정글을 이루고 있었다. 소파 위에는 하얀 젖먹이용 원피스를 입고 작은 분홍색 스니커즈를 신은 인형이 하나 앉아 있었다. 사람 아기를 꼭 빼닮은 이 인형은 파란 대리석 같은 눈과 플라스틱 입술을 하고 있었다.

메리가 나를 안아주었다. 애나는 급히 주방으로 가더니 내게 아이스티를 가져다주었다. 그러면서 메리의 잔도 다시 채워주었다. 그런 다음 애나는 메리의 안락의자 옆에 똑같이 생긴 안락의자에 앉아, 수용소에서 나온 뒤 각자 같은 거리에 있는 다른 집에 살았던 이야기를 들려주었다.

"그들은 애나가 아이를 돌볼 수 없다고 말했지만, 애나는 내 아이를 돌봐주었어요."[11] 메리의 말이다. 메리는 수용소에서 불임화를 피할 수 있었고, 몇 년 뒤 둘째 남편과의 사이에서 아들을 하나 낳았다. 애나는 몇 집 건너 이웃에 살고 있어서 늘 즉각 나타나서 아기를 봐주었다. "애나는 내가 자기를 필요할 때면 언제나 곁에 있어줬어요!"

"사랑스러운 아기였지, 진짜." 애나가 말했다. 애나는 내게 메리의 아들을 공원에 데려가던 일, 그 아이가 술래잡기를 얼마나 좋아했는지, 애나가 아직 쫓아오는지 확인하려고 뒤돌아보던 일에 관해 이야기했다. 그러다 결국 말끝을 흐렸다. "난 늘 아이들을 원했는데 한 명도 갖지 못했어."

"뭐?" 메리가 허공에서 찰싹 때리는 손짓을 하고는 아이들이란 게 생각과는 영 딴판이라며 농담을 던졌다. "그러니까, 병원비만 해도 말이지…."

애나의 어깨가 들썩이자 곧 메리의 어깨도 들썩였다. 방 안은 웃음으로, 메리의 쇳소리 섞인 기침 소리와 애나의 킬킬거리는 소리로 가득 찼다. 그러더니 애나가 이제는 성인이 된 메리의 아들 사진을 한 장 가져왔다. 그는 검은 머리카락에 영화배우 같은 턱선을 갖고 있었고, 자신의 아이들을 감싸 안고 있었다.

"*언니* 아기 얘기도 들려줘." 메리가 말했다. 그러자 애나가 소파에 앉아 있는 인형을 내게 소개해주었다. "얘는 리틀 메리라고 해요." 애나가 말했다. 애나는 리틀 메리를 어디든 데리고 다닌다고 했다. 교회에도, 마트에도, 밤에 잘 때 침대에도 데리고 갔다. 몇 년 전 유난히 센 사이클론이 닥쳐와 그들이 살고 있던 이동식 주택을 망가뜨린 적이 있다. 그때 애나와 (사람) 메리는 외출 중이었고, 인형은 무너진 파편 밑에 깔려 있었다. 이제 애나는 리틀 메리를 절대 혼자 두지 않는다.

메리가 끼어들며 때때로 애나가 인형을 데리고 다니는 것 때문에 이상한 시선을 받을 때가 있다고 말했다. 얼마 전에도 버스에서 한 여자가 애나를 빤히 쳐다봤단다. "그래서 내가 애나한테 말했어요. '아기를 옆에 놔두지 마! 안아줘! 그리고 언니 아기를 두고 사람들이 하는 말에는 신경 쓰지 마. 걔는 *언니*의 아기니까.'" 애나는 미소를 짓고는 인형의 민머리에 살짝 뽀뽀를 했다. 그리고 젖병을 인형의 딱딱한 입술에 갖다 대고는 상상 속에서 인형의 입가에 흘러내린 우유를 닦아냈다. 인형을 가슴에 당겨 앉고 잠시 그 포옹에 푹 빠져 있다가 다시 흔들어주고 등을 톡톡 두드려주었다.

자신에게서 자유와 유년기, 아이를 갖겠다는 꿈까지 너무나 많은 것을 앗아간 관념들을 전파한 데이비드 스타 조던 같은 사람들을 어떻게 생각하느냐고 묻자, 애나는 화가 난다고 말했다.[12] 그러나 애나는 분노에 초점을 맞추지 않으려고, 흉터를 쳐다보지 않으려고 노력하며 살고 있다.

애나는 우생학자들이 그녀가 누릴 자격이 없다고 생각한 모든 것들을 인생에서 펼쳐나가고 있다. 애나는 아이스티를 얼음처럼 차갑게 해서 마신다. 화초들에 물을 준다. 색칠을 한다. 페이지마다 가득한 활기찬 동물들을 칠한다. 서핑하는 여우, 카약을 타는 늑대, 줄지어 콩가 라인댄스를 추는 토끼와 달팽이와 나비 등. 그리고 친구의 기운을 북돋워주기 위해 얼마 안 되는 돈을 아껴 모은다. 지난해 크리스마스 때 메리의 아들이 오지 못한다는 사실을 알고 애나는 곧장 밖으로 나가 자기가 생각할 수 있는 가장 좋은 선물을 샀다. 살아 숨 쉬는, 심장이 뛰는 햄스터 한 마리였다. 메리는 그 햄스터를 보고 감격했다. 메리는 햄스터에게 슈가푯이라는 이름을 붙여주었고, 나에게 자기가 매일 슈가푯에게 아침 인사를 하는 방식을, 우리에서 안아 올려 그 씰룩거리는 작은 볼에 자기 볼을 갖다 대는 모습을 보여주었다. 가르랑거리는 소리가 들리는 것 같았다. 새장 안에서는 미니어처 디스코볼이 돌아가면서 햇빛을 반사해 수십 개의 작은 반짝거림을 방 안에 뿌리고 있었다. 프리티 보이와 프리티 걸이 마치 손뼉을 치는 것처럼 날개를 파드닥거렸다. 아침이 재빨리 흘러가는 동안 모두의 잔에 담긴 얼음 큐브가 딱딱 깨지며 딸그랑거리는 소리를 냈다. 이곳은 움직임과 빛과 웃음과 따뜻함으로 이루어진 동물원이다. 이 거실은 살아 있다.

* * *

그날 그 집에서 나와 차를 몰고 가면서 나는 이런 사람들이 생명을 이어갈 가치가 없다고, 사회에 위험이 된다고 했던 우생학자들의 믿음에 대해 곱씹어보았다. 그 생각을 하니 분노가 치솟았다.

나는 애나의 배에 불거진 흉터에 대해 생각했다. 자기 몸을 내려다볼 때 대법원이 인정한 무가치함의 스탬프가 보이는 건 어떤 느낌일지 궁금했다. 보랏빛 리본 같은 그 흉터가 사실은 하나의 선물로 의도된 것임을, 아마도 그들이 원한 방식이었을, 그 자리에서 바로 죽이는 것이 아니라 남아 있는 생을 끝까지 살도록 허용해주는 국가의 자비였음을 아는 건 어떤 느낌일까.

데이비드 스타 조던이 내 언니를 보았다면, 아마 언니도 부적합하다고 판단했을 거라는 생각이 들었다. 언니는 현금출납기 앞에서 허둥대는 사람이니까. 또한 그는 나 역시 부적합하다고 판단했을것이다. 나의 슬픔은 그에게 불쾌감을 주었을 것이고, 도덕적 실패의 표시로 여겨졌을 테니까. 숨에서 유황을 내뿜는 인생의 낭비자.

나는 그에게 통쾌하게 반박해줄 말이 있었으면 싶었다. 현란하게, 당신이 틀렸다고 말해줄 방법이. 우리는 중요하다고, 우리는 사실 아주 중요하다고 말해줄 방법. 그러나 주먹이 올라가는 게 느껴지자마자 내 뇌가 주먹을 다시 잡아당겼다. 왜냐하면 당연히, 우리는 중요하지 않기 때문이다. 우리는 중요하지 *않다.* 이것이 우주의 냉엄한 진실이다. 우리는 작은 티끌들, 깜빡거리듯 생겨났다가 사라지는, 우주에게는 아무 의미도 없는 존재들이다. 정말 이상한 일이지만, 이 진실을 무시하는 것은 정확히 데이비드 스타 조던과 똑같이 행동하는 것이다. 자기 자신의 우월성에 대한 터무니없는 믿음 때문에 자신은 상상도 할 수 없는 폭력을 저질러도 괜찮다고 생각하는 데이비드 스타 조던. 그럴 순 없다. 명민하고 선한 사람이 되기 위해서는 모든 호흡, 모든 걸음마다 우리의 사소함을 인정해야 한다. 그와 다르게 말하는 것은 죄를 짓고, 거짓을 말하고, 기만과 광기로, 그보다 더 나쁜 것으로 자신을 이끌고 가는 일이다.

아, 그것은 엉킨 실타래였다.

제 꼬리를 먹는 우로보로스.

복수를 하겠다고 나무로 기어 올라갔지만 높이 뜬 독수리라는 진실에 얻어맞아 나가떨어진 파란 꼬리의 스킹크.

나는 오도 가도 못하게 된 심정이었다.

* * *

그날 거실에서 애나와 메리와 함께 앉아 있을 때 나는 애나에게 어리석은 질문을 던졌다. 이기적인, 응석받이 같은 질문이었다. 애나가 수용소에 들어간 일, 학대당하고 강간당한 일, 정신지체자 취급을 당한 일, 진흙탕으로 밀쳐진 일, 턱이 부러진 일, 자신의 생식기를 절단당한 일에 관해 듣고 난 다음, 나는 애나에게 이렇게 물었다.

"어떻게 계속 살아가시는 거예요?"

그것은 어떤 면에서는 내가 평생에 걸쳐 만나는 모든 사람에게 물어왔던 질문이다. 그것은 내가 데이비드 스타 조던의 인생에 관해 조사하며 여러 해를 보낸 이유였으며, 어린 시절 아버지에게 던졌던 바로 그 질문이며, 내가 그 곱슬머리 남자를, 차가운 지구에서 웃음을 이끌어내는 그의 매혹적인 방식을 그토록 놓지 않으려 버텨왔던 이유이기도 하다. 그 경쾌함이야말로 내가 그토록 가까이하고 싶었던 자질이며, 나의 내면에서도 만들어내고 싶었던 실체이며, 아무리 멀리 아무리 넓게 찾아보아도 나로서는 도저히 찾을 수 없을 것 같은 비법이었다.

애나도 답을 알지 못해 나를 가만히 바라보았다. 그러고는 생각해보기 시작했다. 나는 애나에게 생각할 여유를 주려고 화초들 쪽으로 시선을 돌렸다.

그때 메리가 불쑥 말했다. "나 때문이지!"[13]

애나가 웃기 시작했다. "그렇지. 물론이지. 메리 때문이야."

그것은 농담이었고, 우리 모두를 실수로부터 구해주는 메리의 방식이었다. 그러나 그 말에 대해 다시 생각해볼수록, 그 말이 진실이 아닐까 하는 생각이 점점 더 커졌다. 나는 그들의 아파트를, 짝을 맞춘 안락의자와 짝을 맞춘 아이스티 잔을 다시 생각했다. 소파에 앉혀둔 인형, 우리 안에서 쳇바퀴를 돌리고 있던 햄스터, 거기 앉아 있을 때는 의식적으로 인지하지 못했던 것들이 눈에 보이기 시작했다. 두 여인 사이를 연결하는 보이지 않는 실들이. 그들이 얼마나 서로를 빈틈없이 돌보는지, 서로의 슬픔을 찰싹 때려 쫓아버리고, 모든 농담을 재빨리 받아주고, 분위기를 밝게 유지하기 위해 얼마나 노력하는지.

이렇게 세월이 흐른 뒤에도 애나는 여전히 메리를 보살피고 있다. 내게 문을 열어준 사람도 애나였고, 메리에게 마실 것을 가져다준 사람도, 화초에 물을 주는 사람도 애나였다. 메리가 무릎이 아파 잘 서 있지 못하기 때문이다. 메리와 현재 남자친구인 마이크를 맺어준 사람도 애나였다. 지금은 애나가 체격도 더 작고 겁도 더 많지만, 메리가 이뤄낸 여러 성공들(자식, 손자, 민첩한 유머 감각, 끝없이 이어진 로맨스)을 애나는 갖지 못했지만, 여전히 애나는 메리의 보호자다. 말하자면 지금도 애나는 메리의 그네를 밀어주고 있는 셈이다. 이 지구에서 자신이 뽑아낼 수 있는 소박한 기쁨들—중력, 아이스티, 햄스터—로 메리에게 설렘과 기쁨을 안겨주려 노력하고 있는 것이다.

메리는 또 어떤가. 거의 모든 말과 반응에서 메리가 얼마나 애나를 고마워하고 있는지가 보인다. 메리는 인형을 사랑하는 친구에게 판단의 잣대를 들이대지 않는다. 오히려 그 사랑을 지지해준다. 메리는 인형의 목에 걸린 색색 가지 구슬로 된 목걸이를 가리키며 말했다. "저거 내가 만들었어!" 나는 자기 방에 혼자 앉아 조용히 나일론 실에 구슬을 하나하나 꿰며, 친구를 위한 깜짝 선물을 정성스럽게 준비하는 메리의 모습을 그려본다. 메리가 수용소에서 자신을 보호해준 애나에게 영원히 은혜를 갚고 있다는 것을 알 수 있었다. 그리고 보답하는 그 행위에서 진짜 의미를 발견했다는 것을.

계속 차를 몰고 가다가 하늘이 어둠으로 통통해지기 시작할 무렵, 나는 그들이 또 다른 증거의 가닥들, 그들의 아파트 벽 너머 훨씬 멀리까지 뻗어 있는 가닥들도 함께 보여주었다는 것을 깨달았다. 그들은 내게 같은 교회에 다니는 사람들 중에 매달 몇 번씩 찾아와 그들을 위해 저녁을 만들어주고, 공과금 납부를 도와주고, 함께 이야기를 나누는 게일에 관해서 이야기해주었다. 또 그들에게 거의 매일 웃긴 문자메시지를 보내주는 메리의 양아들 조시에 관해서도. 또 불임화를 당한 데 대해 애나가 손해배상을 받을 수 있도록 여러 해 동안 싸워오고, 결국 2만5천 달러를 받아내주었으며, 자신의 노력에 대해서는 단 한 푼도 받지 않겠다고 버틴 마크 볼드라는 변호사에 관해서도 이야기해주었다. 매일 아침 자기 집 발코니에서 그들에게 손을 흔들어주는 이웃 그랜트, 그리고 자신들의 '수호천사'라는, 아파트 단지의 접수계원 에버니의 이야기도 들려주었다.

사이클론이 그들의 집을 부숴놓았을 때 지금의 아파트로 들어갈 수 있도록 에버니가 온갖 조치를 취해주었다. 내가 아파트 프런트데스크에서 방문 등록을 할 때 내가 누구를 만나러 왔는지 알고 에버니의 눈이 환하게 빛나던 장면이 떠올랐다. "아아, 내가 정말 좋아하는 분들이에요!"[14] 에버니는 프런트데스크 너머 위쪽에 테이프로 붙여놓은 애나의 그림들(졸린 강아지, 얼굴을 붉히는 여우)을 가리켰다. 애나와 메리는 아파트에 들어온 순간부터 늘 자신에게 감사의 표시를 아끼지 않는다고 에버니는 말했다. 사실 자기는 그런 감사를 받을 자격이 없지만, 그래도 수많은 불평불만을 들으며 보내는 길고 힘든 하루 중에 마음 따뜻한 그들을 보는 게 얼마나 반가운 휴식이 되는지 모른다고 했다.

천천히 그것이 초점 속으로 들어왔다. 서로서로 가라앉지 않도록 띄워주는 이 사람들의 작은 그물망이, 이 모든 작은 주고받음—다정하게 흔들어주는 손, 연필로 그린 스케치, 나일론 실에 꿴 플라스틱 구슬들—이 밖에서 보는 사람들에게는 그리 대단치 않은 것일지도 모른다. 하지만 그 그물망이 받쳐주는 사람들에게는 어떨까? 그들에게 그것은 모든 것일 수 있고, 그들을 지구라는 이 행성에 단단히 붙잡아두는 힘 자체일 수도 있다.

바로 이런 점들이 내가 우생학자들에 대해 그토록 격노하는 이유다. 그들은 이런 그물망의 *가능성*을 상상조차 하지 못한다. 그들은 애나와 메리 같은 사람들이 자신이 속한 사회를 풍요롭게 만들 수 있고, 자신들이 받은 빛을 더욱 환하게 반사할 수 있는 이 실질적인 방식들을 생각조차 하지 못한다. 메리는 애나가 없었다면 수용소에서 살아남을 수 있었을지 확신하지 못했다. 그래, 이런 것. 이는 정말 대단한 것이다. 그렇지 않은가? 죽는 것과 사는 것의 차이. 그게 아무 가치가 없다고?

바로 그때 그 깨달음이 내 머리를 때렸다. 그게 거짓말이 아니라는 깨달음. 애나가 중요*하다*는, 메리가 중요하다는 말. 혹은 이 책을 읽는 당신(넘어지지 않게 꼭 붙잡으시라)이 중요하다는 말.

그 말은 거짓말이 아니라, 자연을 더욱 정확하게 바라보는 방식이다. 그것이 *민들레 법칙*이다!

어떤 사람에게 민들레는 잡초처럼 보일지 모르지만, 다른 사람들에게는 그 똑같은 식물이 훨씬 다양한 것일 수 있다. 약초 채집가에게 민들레는 약재이고 간을 해독하고 피부를 깨끗이 하며 눈을 건강하게 하는 해법이다. 화가에게 민들레는 염료이며, 히피에게는 화관, 아이에게는 소원을 빌게 해주는 존재다. 나비에게는 생명을 유지하는 수단이며, 벌에게는 짝짓기를 하는 침대이고, 개미에게는 광활한 후각의 아틀라스에서 한 지점이 된다.

그리고 인간들, *우리*도 분명 그럴 것이다. 별이나 무한의 관점, 완벽함에 대한 우생학적 비전의 관점에서는 한 사람의 생명이 중요하지 않아 보일지도 모른다. 금세 사라질 점 위의 점 위의 점일지도 모른다. 그러나 그것은 무한히 많은 관점 중 단 *하나의 관점*일 뿐이다. 버지니아주 린치버그에 있는 한 아파트의 관점에서 보면, 바로 그 한 사람은 훨씬 더 많은 의미일 수 있다. 어머니를 대신해주는 존재, 웃음의 원천, 한 사람이 가장 어두운 세월에서 살아남게 해주는 근원.

이것이 바로 다윈이 독자들에게 그토록 열심히 인식시키고자 애썼던 관점이다. 자연에서 생물의 지위를 매기는 단 하나의 방법이란 결코 존재하지 않는다는 것. 하나의 계층구조에 매달리는 것은 더 큰 그림을, 자연의, "생명의 전체 조직"의 복잡다단한 진실을 놓치는 일이다.[15] 좋은 과학이 할 일은 우리가 자연에 "편리하게" 그어놓은 선들 너머를 보려고 노력하는 것, 당신이 응시하는 모든 생물에게는 당신이 결코 이해하지 못할 복잡성이 있다는 사실을 아는 것이다.[16]

계속 차를 몰면서 나는 이 넓은 세계에 존재하는 모든 민들레들이 마침내 이 사실을 이해한 나를 향해 동시에 동작을 맞춰 고개를 끄덕여주는 모습을, 운전대 너머에서 내게 손짓을 하고 노란 꽃송이를 흔들며 나를 응원해주는 모습을 떠올렸다. 이제야 나는 나의 아버지에게 할 반박의 말을 찾아냈다.

우리는 중요해요. 우리는 중요하다고요!

인간이라는 존재는 실질적이고 구체적인 방식으로 이 지구에게, 이 사회에게, 서로에게 중요하다. 이 말은 거짓말이 아니다. 질척거리는 변명도, 죄도 아니다. 그것은 다윈의 신념이었다! 반대로, 우리가 중요하지 않다는 말만 하고 그 주장만 고수하는 것이야말로 거짓이다. 그건 너무 음울하고 너무 경직되어 있고 너무 근시안적이다. 가장 심한 비난의 말로 표현하자면, 비과학적이다.

나는 운전대를 살짝 두드렸다. 운전대에 닿는 내 손가락이 한층 더 가볍게 느껴졌고, 그 손가락이 조종하고 있는 인생에 대한 더 큰 통제력이 느껴졌다.

하지만 여전히 내가 무엇을 향해 가고 있는지, 우리 모두는 헤드라이트와 희망을 켠 차를 타고 어디를 향해 달려가야 하는지에 대한 문제가 남아 있다. 여전히 똑같은 텅 빈 지평선. 나는 우리의 지배자가 여전히 야멸차고 냉담하다고 생각했다. 저기 저 돌아서는 모퉁이에서 우리 모두를 기다리고 있는 것은 무無라고 확신했다. 약속은 없다. 피난처도 없다. 희미한 빛도 없다. 우리가 무엇을 하든, 우리가 서로에게 얼마나 중요한 존재든 상관없이.

하지만 그건 내가 아직 데이비드의 이야기가 맞이한 진짜 결말을 알지 못했기 때문이다.

13.

데우스 엑스 마키나

Deus Ex Machina

Why Fish Don’t Exist

데이비드 스타 조던이 마침내 삶의 종말에 다다른 것은 9월의 어느 온화한 아침이었다. 그의 나이 여든 살 때의 일이다. 그는 자기 집에서 고양이, 새, 식물, 사람 등 다채로운 존재들로 이루어진 사랑하는 가족들에 둘러싸여 있었다.[1] 바로 전날 심한 뇌졸중이 일어났다. 그의 뇌를 움직이던 전기가 마침내 그를 배반한 것이다. 유칼립투스 나무들이 박하 향과 소나무 향을 섞어놓은 듯한 연무로 그의 마지막 숨을 실어가고, 피라칸타 관목들이 이제 막 맺힌 밝은 주황색 열매들로 박수를 보내주는 가운데 그는 점잖게 이 세상을 떠났다. 지구가 태양을 마주 보려 천천히 고개를 돌리고 있을 무렵이니, 그가 마지막으로 본 장면은 아마도 그의 첫 번째 사랑, 어스름한 새벽하늘에 남아 있는 별들이었을 수도 있겠다.

데이비드의 일주기가 지나고 얼마 후 그의 아내 제시는 데이비드를 기리며 작은 정원파티를 열었다. 자기네 집 대문을 활짝 열어 캘리포니아의 초등학생들을 맞이한 것이다. 과연 올 사람이 있을까? 제시는 궁금했다. 누가 신경이라도 쓸까? 여론이 그녀의 다정한 우생학자 남편에게 벌써 등을 돌렸을까? 보도에 따르면 그 정원파티에 수백 명이 다녀갔다고 한다. 어린아이들이 떼를 지어

화환을 걸치고 바구니를 흔들며 "마치 성지를 방문하는 것처럼… 그 위대한 박애주의자의 정원"을 찾아들었다고.[2]

데이비드 스타 조던에 대한 존경은 시간이 지나며 더 견고해진 것 같다. 오늘날 스탠퍼드대학 캠퍼스에 가보면 도서관에 있는 그의 브론즈 흉상과, 그의 이름으로 불리는 심리학부 건물, 화려한 장식의 액자에 담긴 그의 초상화들을 발견할 수 있다. 그의 전기작가인 에드워드 맥널 번즈는 그의 생애를 이렇게 요약한다.

> 그보다 더 균형 잡히고 조화롭고 보람 있는 삶을 산 사람은 별로 없을 것이다.[3] (…) 그는 미국이 낳은 가장 다재다능한 인물 중 한 사람으로, 교육자이자 철학자, 과학자로서뿐만 아니라 탐험가, 평화와 민주주의의 옹호자, 대통령과 외국 정치가들의 조언자로서도 두각을 나타냈다. 산봉우리 하나와 생물학 법칙 하나에 그를 기리는 이름이 붙었다는 점, 그리고 세계 평화 촉진을 위한 가장 훌륭한 교육 안을 내어 2만5천 달러의 상금을 받았다는 점으로 미루어보아 그의 천재성이 얼마나 폭넓게 발휘되었는지 헤아릴 수 있다. 벤저민 프랭클린과 토머스 제퍼슨 같은 거인들로 구현된 18세기의 위대한 전통 가운데 그가 속한다고 말해도 과장은 아닐 것이다.[4]

아, 그리고 그 국제평화상! 알고 보니 데이비드는 세계가 제1차 세계대전으로 치닫고 있던 그의 말년에 세계를 돌며 외교관들에게 전쟁의 위험을 경고하는 일로 많은 시간을 보냈는데, 그 일로 만만치 않은 저항에 직면했다. 한번은 연설 도중에 독일의 한 장군

이 "그만 됐소!" 하고 명령하는 바람에 중단된 적도 있다.[5] 그런데 이유가 뭘까? 그는 왜 평화주의라는 인기 없는 대의에 그토록 전념했을까? 데이비드가 판단하기에 전쟁은 한 국가의 가장 훌륭하고 똑똑한 인재를 고갈시키는 것이기 때문이다. 그는 형 루퍼스의 죽음을 결코 잊지 않았다. 그의 설명에 따르면, 가장 좋은 자질을 지닌 남자들이 싸우러 나가 죽으면 "부적합한" 자들이 남아서 번식을 이어간다는 것이다. 그는 필라델피아에서 수백 명의 관중을 앞에 두고 말했다. "한 국가가 낳은 최고의 인재들을 파괴하는 일에 내보내면, 차선의 사람들이 그들의 빈자리를 메울 것입니다. 약한 자들, 악한 자들, 낭비하는 자들이 번식하고… 나라를 다 차지해버릴 것입니다."[6] 다시 말해서 그는 자신의 우생학적 목표를 이루기 위한 수단으로 평화주의자가 된 것이다.

시에라네바다산맥 한가운데, 해발 4천 피트가 넘는 곳에서 우리는 그 산봉우리, 조던 피크Jordan Peak를 찾을 수 있다.[7] 조던 피크는 주황색과 흰색의 고산백합들이 점점이 자라고 있고, 우리 대부분이 닿을 수 있는 것보다 태양과 더 가까이 있다. 그런데 거기서 끝이 아니다. 미국을 돌아다녀보면 데이비드의 이름이 붙은 것들과 꽤 많이 마주치게 된다. 고등학교 두 군데,[8] 정부의 선박 한 척,[9] 한 도시의 대로,[10] 인디애나주의 강 하나, 호수 둘(알래스카[11]에 하나 유타[12]에 하나), (2만 달러의 상금이 함께 주어지는) 명망 있는 과학상 하나, 백 가지가 넘는 물고기 종(*조던의 도미, 조던의 우레기, 조던의 서대*) 등등.

데이비드는 자신이 살아 있을 때 인류에게 알려진 물고기(1만2천~1만3천 종) 가운데, 자신과 자신의 제자들이 발견한 것이

2500종 이상이라고 추산했다.[13] 이는 선사시대부터 그의 생애까지, 생명의 나무에 표시된 비늘 덮인 생물들 가운데 거의 5분의 1을 자신과 제자들이 발견해냈다는 뜻이다. 그 물고기들 중 다수가 사실은 그의 우생학 캠페인이 표적으로 삼고 있던 이들—그가 사회에 아무 가치도 없다고 무시했던 이민자들과 "빈민들"—이 발견한 것이라는 사실을 데이비드는 의도적으로 과학적 기록에 남기지 않았다.

제시카 조지Jessica George의 최근 연구[14]에 따르면, 데이비드가 1880년에 태평양 연안을 탐사할 때 이민자들의 노동력에 크게 의존했다는 사실, 중국인과 중국계 미국인 어부들이 잡은 가장 좋은 물고기들을 빼앗기 위해 때로는 위협도 했다는 사실을 알 수 있다. 데이비드 본인도 "꼬마 사내아이",[15] "혼혈아",[16] "포르투갈 소년"[17]이 자신을 새로운 종들이 있는 곳으로 안내해주고 *잡아주기*도 했다고 자주 인정했다. 그는 이렇게 추산했다. "필자가 최근 일본의 해안가 바위 웅덩이에서 확보한 100가지 이상의 새로운 종 가운데 3분의 2는 모두 일본 소년들이 잡은 것이다. 멕시코 해안의 소년들도 똑같이 솜씨가 좋다."[18] 하지만 그는 그 사람들의 공을 공식적으로 인정해줄 필요는 느끼지 않았다. 그래서 그들의 노동, 그들의 지혜, 그들의 발견은 역사책에 모두 그의 공으로 기록되었다.

또한 그는 포름알데히드와 에탄올에 대한 알레르기 때문에 표본을 다루는 자신의 능력이 얼마나 심각한 영향을 받았는지에 대해서도 구구절절 언급할 필요를 느끼지 않았다. 그의 동료 조지 S. 마이어스는 후에 데이비드가 1885년 이후 물고기를 실제로 측정한 일은 "거의 혹은 전혀" 없었을 거라고 추측했다. 뭐, 그런 건 어쨌거나 크게 상관없었다. 물불 안 가리는 탐험 정신을 지닌 물고기 발견계의 거두로서 그가 남긴 업적은 아무 흠 없이 유지되었다. 현대의 어류학자 두 사람이 추정하듯이, "데이비드 스타 조던의 영향은 너무나 폭넓게 퍼져 있어서 측정하기가 아주 불가능하지는 않더라도 매우 어렵다. (…) 북미의 체계 어류학자들은 거의 모두가 과학적 혹은 지적으로 조던의 후손들이다."[19]

휴, 한숨이 나온다.

그의 이야기는 결국 이렇게 끝나는 것일까. 데이비드 스타 조던은 자기 죄에 대한 벌을 받지 않고, 상처 하나 입지 않고 빠져나갈 수 있었다. 이런 게 우리가 사는 세상이기 때문이다. 이 세상은 우주적 정의의 감각 같은 건 그 까칠하고 무의미한 조직 속 어디에도 새겨져 있지 않을 만큼 야멸차기 때문이다.

하지만 이것이 끝은 아니다. 왜냐하면 우리의 바닥 모를 혼란한 세계는 소매 속에 또 하나의 속임수를 감춰두고 있었기 때문이다. 데이비드의 질서를 파괴하고, 그에게 가장 소중한 그것을 훔쳐갈 마지막 하나 남은 방법을. 이 세계가 마침내 그의 물고기 컬렉션을 단박에 허물어뜨린 그 은근하고 음흉한 방식을. 그것은 번개도 아니고 홍수도 부패도 아니며, 큰 입을 벌려 그 모든 걸 집어삼킨 거대한 싱크홀도 아니다. 아니, 자연의 방법은 훨씬 더 잔인했다. 자연은 그가 자기 손으로 직접 그 일을 하도록 만들었다.

데이비드 스타 조던이 분류학의 기술을 실행하고, 다윈의 충고대로 진화상의 친연성親緣性에 따라 생물을 분류함으로써 작동시킨 그 과정이 치명적인 발견으로 이어졌다. 1980년대에 분류학자들이 타당한 생물 범주로서 "어류란 존재하지 않는다"는 사실을 깨달은 것이다.

조류는 존재한다.

포유류도 존재한다.

양서류도 존재한다.

그러나 꼭 꼬집어, 어류는 존재하지 않는다.

* * *

나는 이 어리둥절하게 들리는 개념을 캐럴 계숙 윤Carol Kaesuk Yoon의 경이로운 책 《자연에 이름 붙이기Naming Nature》에서 처음 접했다. 나는 분류학 분야에 관해 좀 더 공부해볼 생각이었고, 그때 그 주제에 관해 가장 최근에 나온 책이 바로 이 책이었다. 데이비드 조던의 이야기가 펼쳐지는 전체 과학의 풍경을 제대로 이해하기 위해 분류학의 아버지인 카를 폰 린네에 대해 알아보고, 다윈에 대해, DNA에 대해 좀 더 배워보려 했다. 그런데 그 책에서 발견한 사실은 내게 엄청난 충격을 안겼다.

윤의 개인사는 본인의 표현을 빌리면 "어류의 죽음"[20]과 충돌한 역사였다. 윤이 "물고기는 당연히 존재한다"는 천진난만한 믿음을 지닌 채 대학원에서 생물학을 공부하고 있던 1980년대에 "분기학자들cladists"(윤에 따르면 이들은 "횡설수설하는 분기학자들"이라는 별칭으로도 자주 불렸다[21])이 등장했다. 분기학cladistics이라는 이름은 '가지branch'를 뜻하는 그리스어 '클라도스klados'에서 왔으며, 분기학자들은 바로 이 가지들을 추적하는 이들이다. 그들은 인간의 직관이 뭐라고 하든 상관없이, 모든 생물이 진화의 나무에서 정확히 어느 가지에 속하는지를 밝혀내는 일에 사생결단하듯 매달린다. 그들의 제1원칙은 단순하다. 타당한 하나의 진화적 집단은 특정한 한 조상의 모든 자손을 포함해야 하며, 다른 것은 하나도 포함해서는 안 된다는 것이다.

당신이 하나의 집단을 구성하려 한다면 진화의 나무에서 당신이 원하는 만큼 높이 올라갈 수도 있고 원하는 만큼 아래로 내려갈 수도 있다. 척추동물 이야기를 하고 싶은가? 좋다. 척추동물에는 척추가 있는 모든 생물이 포함된다. 뱀은? 포함. 지렁이는? 제외. 포유동물에 대해 말하고 싶은가? 괜찮다. 단, 그러려면 젖을 만들 수 있는 최초의 생물의 모든 후손을 아울러야 한다. 고양이, 개, 고래, 다 좋다. 파충류는 하나도 넣으면 안 된다! 이제 무슨 말인지 이해했을 것이다.

이제 분기학자들의 또 다른 큰 원칙을 살펴보자. 이 원칙은 "누가 누구와 가장 가까운 관계인가?"라는 가장 단순하게 들리면서도 가장 어려운 질문에 대한 답을 찾는 것과 관련된다. 사소하게 들릴지도 모르지만 이 질문 자체가 분류학이 풀고자 하는 퍼즐 전체다. 그런데 젖꼭지와 수염과 가시의 세계에서, 어느 속성이 가장 견고한 실마리를 제공해줄지 도대체 어떻게 판단할 수 있단 말인가.

분기학자들이 등장하던 시기에 "수리분류학numerical taxonomy"[22] 이라는 방법이 유행하고 있었다. 이는 컴퓨터가 그 무지막지한 계산 능력으로 진화적 친연성을 판단해줄 거라는 희망에 기초한 방법이다. 종들을 비교할 때 생각해낼 수 있는 특징들(예를 들어 새들을 비교한다면 부리의 유형, 알의 크기, 깃털 색깔, 척추골의 수, 내장의 길이 등)을 그냥 최대한 많이 입력하면, 컴퓨터가 개연성 있는 관계의 패턴을 뽑아내주는 것이다. 이는 두 종 사이에 비슷한 점이 많을수록 둘이 가까운 관계일 거라는 생각에 기초한 방법이다. 그러나 컴퓨터는 전혀 말이 안 되는 관계를 제안할 때도 많았다. 인간의 직관을 완전히 제거했더니… 혼돈만 남은 것이다.

그러나 분기학자들은 어떤 특징들이 다른 특징들보다 더 유용하다는 사실을 깨달았다. 종들이 거쳐 간 시간의 흐름을 가장 신빙성 있게 보여줄 수 있는 것은 그들이 "공통의 진화적 *참신함*"[23]이라고 부른 특징들, 그러니까 새롭게 추가된 특징들이었다. 이를테면 완전히 새로운 더듬이라든가 반짝이는 노란 지느러미 같은 것들 말이다. 모델에 추가된 참신한 업그레이드가 무엇인지 알아낼 수 있다면, 그 새로운 특징을 따라 생물들이 거쳐 간 다양한 버전들을 추적할 수 있고, 시간의 화살이 어느 길을 가리키고 있는지(좀 더 자신 있게) 추측할 수 있고, 더 큰 확신을 갖고 누가 누구를 낳았는지 단언할 수 있다는 것이다.

그 발견은 단순했고, 미묘했고, 특출났다. 그리고 시간이 지나며 아주 놀라운 관계들을 드러내기 시작했다. 예를 들어 박쥐는 날개가 달린 설치류처럼 보일지 모르지만 사실은 낙타와 훨씬 더 가깝고, 고래는 실제로 유제류(발굽이 있는 동물로, 사슴이 속한 과)라는 사실[24]이 그렇다.

윤은 분기학자들이 교실로 성큼성큼 들어와 그들이 새롭게 그린 짜릿한 생명의 나무 그림을 열성적으로 붙이던 모습을 떠올렸다. 그들은 직관이 가려버린 사실들 가운데 가장 어안이 벙벙한 예들을 제시했다. 새들이 공룡이라는 사실. 버섯은 식물처럼 *느껴지기*는 하지만 사실은 동물과 훨씬 가깝다는 사실.[25] 그들은 보통 가장 놀라운 것을 마지막 순서로 아껴두었는데, 윤의 표현으로 "물고기들을 살해하는 의식"[26]을 치를 때 유독 즐거워하는 것처럼 보였단다.

이 의식은 보통 세 가지 동물의 그림을 제시하면서 시작됐다. 소. 연어. 폐어. *"여기서 나머지 둘과 다른 하나는 무엇일까요?"* 하고 그들은 물었다. 이 무리에서 *관계가 가장* 먼 것은 어느 생물일까요? 그러면 아무 의심 없는 순진한 학생이 손을 들어 소를 고른다. *소가 나머지 물고기들과 가장 다릅니다.*

"바로 그때 분기학자의 얼굴에 개구쟁이 같은 미소가 번지며 그 생각이 왜 틀렸는지를 설명하기 시작하죠."[27]

분기학자들은 공통의 진화적 *참신함*을 찾는 일에 초점을 맞출 것을 상기시킨다. 한순간이라도 비늘이라는 외피에 시선을 다 빼앗기지만 않는다면, 더 많은 걸 밝혀주는 다른 유사점들을 알아차리기 시작할 거라고. 예를 들어 폐어와 소는 둘 다 호흡을 하게 해주는 폐와 유사한 기관이 있지만 연어에게는 없다. 폐어와 소는 둘 다 후두개(기관氣管을 덮는 작은 덮개 모양의 피부)가 있다. 연어는? 유감스럽게도 후두개가 없다. 그리고 폐어의 심장은 연어의 심장보다는 소의 심장과 구조가 더 비슷하다. 이런 설명들이 계속 이어지며, 마침내 폐어는 연어보다는 소와 더 가깝다는 결론으로 학생들을 이끌어간다.

그들이 생명의 나무를 베는 톱질 속도를 본격적으로 높이는 건 이때부터다. 윤에 따르면, 분기학자들은 사람들이 일단 이 사실—물속에서 헤엄치는 물고기처럼 생긴 생물들 중 다수가 자기들끼리보다는 포유류와 더 가까운 관계라는 사실—을 받아들이고 나면 이상한 진실이 눈앞에 펼쳐지는 게 보이기 시작할 거라고 했다. “어류”가 견고한 진화적 범주라는 말은 실제로 완전히 헛소리라는 진실 말이다. 윤의 설명을 빌리면, 그것은 마치 “빨간 점이 있는 모든 동물”이 한 범주에 속한다는 말이거나 “시끄러운 모든 포유동물은 한 범주”라고 말하는 것과 비슷하다는 것이다.[28] 뭐, 원한다면 그런 범주를 만들 수는 있다. 하지만 과학적으로는 무의미하다. 진화적 관계에 관해서는 아무것도 말해주지 못하는 범주이기 때문이다.

아직도 헷갈리는가? 그러면 달리 설명해보자. 수천 년 동안 우리 어리석은 인간들이 산꼭대기에서 사는 모든 생물을 진화적으로 동일한 ‘산어류山魚類’라는 집단에 속한다는 잘못된 믿음을 가지고 살아왔다고 상상해보자. 산에 사는 어류, 그러니까 산어류에는 산염소와 산두꺼비, 산독수리, 그리고 건강하고 수염을 기르고 위스키를 즐기는 산사람이 포함된다. 그러면 이제는 이 모든 생물이 서로 너무나 다르지만, 우연히도 그 고도에서 살아남게 해주는 비슷한 외피를 갖도록 진화해왔다고 가정해보자. 그 외피가 비늘이 아니라 격자무늬라고 해보자. 모두가 격자무늬를 갖고 있다. 격자무늬 독수리, 격자무늬 두꺼비, 격자무늬 사람. 이렇게 서식지(산꼭대기)와 피부 유형(격자무늬)이 같다 보니 이들은 동일한 종류의 생물처럼 *보인다.* 모두 산어류인 것이다. 우리는 그들이 모두 한 종류라고 착각한다.

우리가 어류에 대해 해온 일이 바로 이와 똑같다. 수많은 미묘한 차이들을 “어류”라는 하나의 단어 아래 몰아넣은 것이다.

실상 물속 세상을 들여다보면, 비늘로 된 의상 밑에 산꼭대기

산어류들만큼이나 서로 다른 온갖 종류의 생물들이 숨어 있다. 이를테면 육기어류肉鰭魚類, Sarcopterygii—폐어와 실러캔스coelacanth—는 우리와 상당히 가까우며, 어떤 의미에서는 우리의 진화적 사촌, 허파가 위에 있고 꼬리가 저 아래 있는 인어라고 할 수 있다. 그리고 거대한 진화의 분계선 너머에 조기어류條鰭魚類, Actinopterygii가 있다. 연어, 농어, 송어, 장어, 가아Gar 등이 이에 해당한다. 이들은 겉보기에는 물고기처럼 미끌미끌하고 비늘이 있어 육기어류와 쌍둥이 같지만, 안을 들여다보면 그렇게 다를 수가 없다. 연골어강軟骨魚綱이라 불리는 상어와 가오리들도 있는데, 이들은 참 수수께끼 같은 집단이다. 그 매끈한 피부와 곡선을 띤 몸을 볼 때마다 나는 늘 포유류와 유사하다고 생각했다. 그러나 알고 보니 그들은 비늘이 있는 송어와 장어보다 우리와 훨씬 더 거리가 멀고, 진화상으로도 우리보다 훨씬 더 오래되었다고 한다.

생명의 나무를 더 아래로 훑어 내려가 생명의 기원에 점점 더 다가가면 먹장어(찾아보지 마시라. 이름은 귀엽게 들릴지 모르지만 빨판 같은 주둥이와 면도날 같은 이빨을 지니고 있어 악몽 속 괴물 같다)를 발견하게 되는데, 이들은 흔히 칠성장어와 함께 무악류無顎類로 분류된다. 그다음으로 데이비드 스타 조던이 게으름에 대한 경고의 예로 자주 지적하던, 고착생활을 하는 멍게(피낭동물)가 있다. 멍게는 엄밀히 말해(어쨌든 오늘날 분류학자들에 따르면) 척추동물은 아니지만, 척삭이라는 척추와 비슷한 구조물을 가장 먼저 선구적으로 갖춘 생물 중 하나다. 다시 말해 멍게는 *퇴보*한 존재가 아니라 정반대로 혁신가였던 셈이다.

“어류”라는 범주가 이 모든 차이를 가리고 있다. 많은 미묘한 차이들을 덮어버리고, 지능을 깎아내린다. 그 범주는 가까운 사촌들을 우리에게서 멀리 떼어놓음으로써 잘못된 거리 감각을 만들어내는데, 이는 상상 속 사다리에서 우리가 차지하는 제일 윗자리를 유지하기 위해서다.

자, 만약 당신이 아직도 물고기처럼 보이는 모든 것들을 과학적으로 타당한 한 집단에 몰아넣겠다는 고집을 버리지 못하겠다면 그렇게 해도 된다. 비늘이 있는 폐어들과 실러캔스를 당신 생각에 그들이 당연히 소속된 곳인 물속에 송어와 금붕어와 함께 밀어넣을 수 있다. 그리고 그 범주를 "어류"라고 부를 수도 있다! 단, 그렇게 하기 위해서는 그들과 공통 조상을 지닌 모든 후손이 함께 포함될 수 있도록 몇몇 다른 생물들도 어류라는 집단에 집어넣어야 한다.

물가에 걸터앉아 있는 개구리들은 어떨까? 그 개구리들도 발로 차서 같은 물속에 집어넣어라.

저 하늘 높이 나는 새들은? 그 새들도 물에 빠뜨려라.

소들은? 물론 소들도 들어간다.

당신의 엄마는? 당연히 어류다.

어떤가. 그럴듯한가? 그렇지 않다면, 과학적으로 좀 더 논리적인 일은 어류란 내내 우리의 망상이었다는 사실을 인정하는 것이다. 어류는 존재하지 않는다. "어류"라는 범주는 존재하지 않는다. 데이비드에게 너무나도 소중했던 그 생물의 범주, 그가 역경의 시간이 닥쳐올 때마다 의지했던 범주, 그가 명료히 보기 위해 평생을 바쳤던 그 범주는 결코, 단 한 번도 존재한 적이 없었다.

* * *

그 범주의 소실이 얼마나 멀리까지 영향을 미쳤는지 파악해 보기 위해 나는 스미스소니언 박물관에서 미국의 어류 컬렉션을 지키는 수호자들에게 질문했다. 나는 알고 싶었다. 실제로 어류를 연구하는 과학자들도 자신들의 연구 대상의 존재를 더 이상 믿지 않는지. 내가 메릴랜드주의 비공개 보관 시설에 데이비드 스타 조던의 이름을 지닌 그 물고기를 보러 갔던 그날, 나를 안내해준 두 분류학자에게 나는 목소리에 약간 도전적인 의도를 담아 물었다. "어류가 *존재하나요?*" 그러자 반세기 동안 분류학자로 일해온 데이브 스미스는 애매하게 얼버무리는 몇 마디를 뱉어내다가 결국 "아마 존재하지 않을 겁니다"라고 인정했다.

그는 분기학자들이 처음 등장했을 때 그들의 말을 믿고 싶지 않았단다. 그들은 너무 "공격적"이어서 광신도처럼 보일 정도였다. 그러나 시간이 지나면서 자기의 일, 생명의 진정한 상호 연관을 밝혀내는 일을 정말로 할 마음이 있다면, 그들이 하는 말을 부인할 수 없다는 것을 깨달았다. "어류"라는 것은 그것을 제대로 직시한다면 사실 틀린 범주라는 것을 말이다. 명료하지 않고 날림으로 만든 이 범주—분류학자들의 용어로는 측계통군側系統群°—에는 그 구성원들의 일부가 빠져 있다. 나중에 나는 미국자연사박물관의 어류분과 수석 큐레이터인 멜라니 스티아스니에게 전화해 그

° 같은 조상에서 내려온 생물들을 묶은 분류이기는 하나, 그 조상의 모든 후손을 포함하지는 않는 분류를 일컫는 말.

에게서도 어류라는 범주가 사라졌는지 물었다. 멜라니는 "어이쿠" 하고 운을 떼더니 "널리 그렇게 받아들여지죠"라고 말했다.[29] 당신도 상상할 수 있듯이 무덤덤하게.

"맞아요. 직관에 어긋납니다!"[30] 자칭 "횡설수설하는 분기학자"인 릭 윈터바텀Rick Winterbottom이 내게 한 말이다. 그도 그 점을 누구보다 잘 알고 있다. 그는 30년 넘게 학생들에게 실제 자연 세계가 우리가 설정한 범주대로 분류되는 건 아니라는 사실을 확인시키려 노력해왔다. 그리고 그 관념이 학계 밖으로는 도저히 퍼져나가지 않는 것을 보면서 크게 실망했다. 그는 자기가 대적하기에 너무 센 적수를 상대하고 있는 것 같다고 걱정스러워했다. 그 센 적수는 바로 직관이다. 그는 사람들이 결코 편안함을 진실과 맞바꾸지 않을 것이라고 했다.※

캐럴 계숙 윤에게 어류를 놓아버리는 것은 결코 쉬운 일이 아니었다. 캐럴은 이렇게 썼다.

> 물고기들이 죽어가는 걸 보는 일, 아니 사실 내가 미숙하고 젊은 대학원생 시절부터 강의실에서, 세미나실에서, 연구실에서, 과학 학회에서, 조용한 복도에서 계속 반복해서 해왔듯이 물고기들이 살해당하는 것을 지켜보는 일은 내게 각별히 고통스러웠다. 어류의 죽음을 뒷받침하는 과학이 옳다는 걸 이해는 하지만, 그래도 그건 언제나 얼마간 아픔을 안겼다. (…) 잔인할 정도로 깔끔한 분기학의 논리를 따라갈 때면, 나는 종종 어떤 식으로든 속임수에 넘어간 느낌, 누군가의 능란한 술책에 농락당하고 있는 느낌이 들었다. 이건 나만 그런 게 아니다. 사람들이 이렇게 말하는 게

실제로 귀에 들리는 듯하다. "앗, 잠깐! 당신 지금 어떻게 한 거야? 물고기를 가지고 무슨 짓을 한 거냐고!" 하지만 그것은 단순한 눈속임이 아니다. 그것은 적나라하고 엄연한 진실이다.[33]

이 글에서 느껴지는 윤의 고통이, 윤이 물고기를 잃은 "잔인한" 경험이 나에게는 무척 소중했다. 내가 윤을 데이비드 스타 조던의 대리인으로 삼았기 때문이다. 데이비드를 알고, 해부용 메스가 자신에게 생물들 사이의 "진실한 관계들"을 보여줄 거라던 그의 믿음을 알기에, 나는 그도 결국에는 물고기의 죽음을 받아들이게 되었을 거라고 *확신*한다. 이를테면 그는 대리석 같은 무늬의 폐

※ 이 책에 달린 나의 유일한 보충 설명란에 오신 것을 환영한다! 먼저 이 설명을 읽어줘서 고맙다. 이걸 읽는 보상으로 당신은 자연계의 질서가 어쩌면 우리 내부에 장착되어 있을지도 모른다는 괴상한 사실을 배우게 될 것이다. 캐럴 계숙 윤은 J.B.R.[31]이라는 환자의 신기한 사례에 관한 글을 썼다. J.B.R.은 1980년대에 헤르페스바이러스 뇌염으로 뇌가 부은 뒤 범주 짓기를 담당하는 신경학적 구조가 손상되었다(Yoon, 12~13). 다시 깨어난 J.B.R.은 갑자기 자연 세계의 기본적인 범주를 제대로 구분하지 못했다. 그건 말 그대로… 혼돈이었다. 그런데 이상하게도 무생물 세상의 범주는 아주 멀쩡했다. 그는 승용차와 버스, 탁자와 의자의 차이는 아무 문제없이 이해했다. 생물의 세계만이 뒤죽박죽이 되었다. J.B.R.을 비롯해 그와 증상이 비슷한 환자들의 사례(구글에서 "범주 특수적·의미론적 결손category-specific semantic deficits"을 검색하면 이들의 사례를 찾을 수 있다)는, 질서를 만들어내는 일종의 메커니즘이 우리 내부에 존재할지도 모른다는 것을, 그러니까 우리가 자연을 분류하는 방법에 관한 매우 구체적인 믿음 체계를 획득할 수 있는 성향을 지니고 태어난다는 것을 암시한다. 누가 한 부류에 속하고, 누가 서로 다른 부류에 속하며, 누가 제일 윗자리를 차지하는지 등을 판단하는 분류법을 말이다.
또 다른 연구들은 우리가 이런 직관적인 규칙들을 얼마나 일찍부터 따라왔는지를 보여준다. 예를 들어 사람은 생후 4개월째에 이미 고양이와 개를 구분하기 시작한다.[32] 이러한 직관적 질서가 우리 내부에 장착된 장치의 일부라는 사실이 그 질서가 진실임을 의미하는 건 아니다. 그저 그 질서가 유용하다는 의미일 뿐이다. 그 질서가 우리 인간 종이 우리를 둘러싼 혼돈을 성공적으로 항해하고 탐험하도록 도움으로써 수 세대에 걸쳐 기여해왔다는 뜻이다.

어 껍질을 벗기고, 그 폐와 후두개와 여러 개의 심방과 심실로 이루어진 심장을 보고는 어류라는 범주가 자기 손가락 끝에서 해체되고 있는 걸 느꼈을 것이다. 그러나 물고기가 그에게 얼마나 소중한 것이었는지, 고통의 시간에 그가 물고기에게서 어떻게 위안을 얻고 어떤 목적의식을 갖고 있었는지 알고 있으므로, 그에게도 그 일은 쉽지 않았을 거라고 생각한다.

그의 아픔을, 어느 정도는 고뇌를 느낄 그를 상상해보는 일… 그것은 나에게 경이로운 효과를 발휘했다. 그 상상은 무신론자에게는 가장 금기시되는 판타지로 내 피부를 콕콕 찔러댔다. 어찌 된 건지는 모르겠지만, 저 밖, 혼돈의 차가운 수학 속에 결국 일종의 우주적 정의가 존재한다는 판타지 말이다.

* * *

이즈음 나는 어부를 머릿속에 그려보았다.

어부는 기름기로 미끌거리는 송어가 가득 담긴 들통에 손을 밀어 넣고, 손바닥을 말아 유난히 통통한 송어 한 마리를 붙잡아, *물고기는 존재하지 않는다*라는 단어들 위에 그 녀석을 철퍼덕 내동댕이친다. 그런 다음 그는 돈을 받고 송어를 판다. 송어는 존재하기 때문이다.

나는 안다. 그가 어떤 감정이었을지.

우주가 데이비드 스타 조던에게서 그가 사랑하는 물고기를 빼앗는 모습을 지켜보면서 느낀 약간의 병적인 만족감을 제외하면, 내게 그것이 중요한 일인가? 조금만 넓은 의미에서 보면, 표본들을 유리단지에 정리하는 것이 직업이 아닌 모든 사람에게, 하나의 범주로서 어류가 존재하지 않는다는 사실이 중요한 일일까?

이 물음이 나를 따라다니며 괴롭히기 시작했다. 몇 년 동안 이 주제를 조사하고, 헤더의 아파트에 있는 내 작은 방을 새롭게 그려진 들쭉날쭉한 생명의 나무 그림들로 도배한 끝에, 우리 발아래 세계가 우리가 생각했던 그 세계가 아니라는 사실에 전율로 부풀어 오르는 심장을 느끼며, 바로 동시에 그 모든 게 그저 의미론에 불과한 게 아닌가 하는 회의에 머리를 얻어맞았다. 언어학적 파티의 마술쇼. *물고기는 존재하지 않습니다.* 그러자 와, 하는 놀람의 함성.

그래서 어느 날 나는 퇴근해서 돌아온 헤더에게 그 이야기를 하기로 마음먹었다. 그 주제에 심취한 나 때문에 헤더 역시 뜻하지 않게 그 주제를 훤히 꿰고 있었다. 나는 헤더에게 코트를 벗고 소파에 앉아보라고 했다. 그리고 와인과 치즈를 가져온 다음, 내가 두려워하던 그것을 물었다. "너는 이런 게 조금이라도 중요하다고 생각해?"

그러자 헤더는 충격에 멍해진 얼굴로 나를 바라보았다. "물론 중요하지!"

헤더는 하고많은 사람 중에 코페르니쿠스를 예로 들었다. 그 시대 사람들이 하늘의 별을 올려다보면서 움직이고 있는 게 별이 아니라는 걸 받아들이기가 얼마나 어려웠을지 이야기했다. 그럼에도 그에 관해 이야기하고, 그에 관해 생각하고, 별들이 매일 밤 그들 머리 위에서 빙빙 돌고 있는 천구의 천장이라는 생각을 사람들이 서서히 놓아버릴 수 있도록 수고스럽게 복잡한 사고를 하는 것은 중요한 일이라고 말이다. "왜냐하면 별들을 포기하면 우주를 얻게 되니까"라고 헤더는 말했다. "그런데 물고기를 포기하면 무슨 일이 일어날까?"

나는 전혀 알 수 없었다. 하지만 그 순간 한 가지는 알 수 있었다. 물고기의 반대편에 다른 뭔가가 기다리고 있다는 것. 물고기를 놓아주는 일은 그 결과로 또 다른 어떤 실존적 변화를 불러온다는 것. 그리고 그 결과는 사람에 따라 다 다를 거라는 생각이 들었다.

별들의 경우에 꼭 그랬던 것처럼.

어떤 사람들에게 별들을 포기하는 것은 무시무시한 일이었다. 그건 그들이 너무 작고, 너무 무의미하고, 너무 통제 불능으로 느껴지게 만들었다. 그들은 그것을 믿지 않으려 했다. 그래서 그들은 메신저를 공격했다. 코페르니쿠스가 별들을 포기했을 때 그는 이단이라는 저주 어린 판결을 받았다. 조르다노 브루노가 별들을 포기했을 때 사람들은 그를 화형대에 묶어 불에 태웠다. 갈릴레오가 별들을 포기했을 때 그는 가택연금을 당했다.

또 다른 사람들에게 그 일은 야망과 발명과 공학의 영감을 불어넣었다. 수 세대에 걸쳐 사람들은 직관의 반대편으로 보낼 배를 출항시키는 방법을 알아내고자 혈안이 되었다. 그리고 그들이 품은 황당무계한 꿈들 덕분에 지금 우리는 달에 닿을 수 있다.

나의 경우, 어린 시절 데크 위에서 아버지와 이야기를 나눈 그날 아침, 별들을 포기했을 때 내게는 가벼운 바람이 한 자락 불어왔다. 그것은 빙글빙글 돌며 우주를 의미 없이 누비는 느낌이었고, 상태가 나쁜 날이면 거의 치명적인 냉기를 안겨주는 느낌이었다.

나의 아버지가 별들을 포기했을 때 아버지는 자신만의 도덕성을 발명할 자유를, 자기가 무의미하다고 느끼는 모든 규칙—발신인 주소, 소매, 자기 실험실의 생쥐는 먹지 않는 것—을 무시할 자유를 얻었다.

별들을 포기하는 일이 성직자에게는 다른 효과를 낼 것이라고 나는 확신한다. 방랑자에게도, 제빵사에게도, 촛대 만드는 사람에게도.

그러니까 물고기의 경우도 그럴 것이다.

캐럴 계숙 윤은 물고기를 포기했을 때 평생 존경해왔던 과학자 공동체에 대한 일종의 격분이 생겼다고 했다.[34] 인간의 직관을 빼앗아감으로써 일반 대중이 인간의 애정을 절실히 필요로 하는 환경에 *더더욱 무관심해지도록* 만들 거라는 걱정이었다. 물고기의 죽음을 그토록 아름답게 설명한 책을 썼음에도, 윤의 한 부분은 단순한 언어로 돌아가기를 갈망했다.

앞에서 얘기했던 "횡설수설하는 분기학자" 릭 윈터바텀은 물고기를 포기했을 때 목적을 얻었다. 그는 하나의 대의를 가지고 전국을 돌아다녔다. 그는 사람들의 눈을 덮고 있는 두꺼운 모포를 걷어내려는 열의에 불타올라, 이 칠판 저 칠판 위에서 이 물고기 저 물고기를 처형했다. 그는 자신의 뇌를 재배선하고 있다고, 자신이 진실에 조금씩 가까이 다가가고 있다고 느꼈고, 다른 사람들도 그 문틈을 엿보도록 돕고 싶은 열의를 느꼈다. 수십 년이 지난 지금 그는 열의가 식고 시무룩해졌다. 그 새로운 비전을 받아들이는 사람들이 너무 적었고, 아무리 노력해도 사람들의 확신을 조금이라도 무너뜨리기가 어려웠기 때문이다. "그러니까 그건, 음, 30년 동안 계속해온 전투였어요." 그가 한숨을 쉬었다. "그래서 지금은 대신 애꿎은 골프공에 화풀이를 하고 있죠. 나의 새로운 야심은 숲과 호수의 바닥을 작고 하얀 구체들로 쫙 깔아버리는 거예요. (…) 내가 그 일은 꽤 잘하고 있는 것 같습니다."[35]

의자의 존재를 믿지 않는 철학자 트렌턴 메릭스가 물고기를 포기했을 때는 그의 화살통 속 화살의 수만 하나 늘었을 뿐이다. "내겐 그리 충격적이지 않네요." 내가 어류의 범주가 해체된 일에 관해 숨 가쁘게 설명하고 나자 그가 한 말이다. 그것은 정확히 그가 자기 학생들에게 이해시키려고 노력하는 것이기도 했다. 우리는 우리를 둘러싼 세계를, 우리 발밑의 가장 단순한 것들조차 거의 이해하지 못하고 있다는 사실 말이다. 우리는 전에도 틀렸고, 앞으로도 틀리리라는 것. 진보로 나아가는 진정한 길은 확실성이 아니라 회의로, "수정 가능성이 열려 있는" 회의로 닦인다는 것.

애나가 물고기를 포기했을 때는… 뭐, 사실 애나가 물고기를 포기한 건 아니다. 하지만 애나는 그것이 "부적합"이라는 단어와 비슷한 게 아니냐고 물었다.[36] 애나의 등짝에 찰싹 붙어 있는 단어. 애나를 수용소의 벽돌벽 뒤에 던져 넣고 애나가 세대를 이어갈 그 모든 가능성을 절단해버린 바로 그 단어. 나는 그렇다고, 그것과 아주 비슷하다고 대답했다. 애나는 고개를 끄덕였다. 그렇다면 물고기에 대해 연민이 느껴진다고 했다. 일단 무언가에 이름을 붙이고 나면 더 이상 그걸 제대로 바라보지 않게 된다는 사실에 대한 연민이었다.

생태학자 조너선 밸컴Jonathan Balcombe이 물고기를 포기했을 때—정확히 말하자면 그는 공식적으로 받아들이기 전에 유전적 연구를 먼저 보고 싶다고 말하기는 했지만, 그 개념은 자신이 관찰한 사실과 일맥상통한다고 말했다—그는 한 점으로 수렴되는 느낌을 받았다.[37] 이미 그는 《물고기는 알고 있다: 물속에 사는 우리 사촌들의 사생활What a Fish Knows: The Inner Lives of Our Underwater Cousins》이라는 책을 써서, 물고기들의 인지가 얼마나 폭넓고 복잡한지 보여주었다. 그에 따르면 물고기들은 우리보다 더 많은 색을 보며, 특정한 기억 과제에서 우리보다 더 나은 실력을 보이고, 도구를 사용하며, 바흐의 음악과 블루스를 구별할 줄 안다고 한다.[38] 게다가 어떤 종들은 고통을 느끼는 것처럼 보인다고도 한다. 나는 그에게 농담하듯 물었다. "하, 이제 모두 어떻게 해야 할까요? 생선 먹기를 그만둬야 하나요?" 그러자 그가 "예" 하고 조용히 대답했다. 나는 아직 거기까지 가지는 않았지만 그의 논지, 그러니까 물속에서 헤엄치고 있는 그 생물들이 우리가 일반적으로 생각하는 것보다 인지적으로 훨씬 복잡하다는 점에 대해서는 분명히 동의한다. 그 "어류"라는 말은 어떤 의미에서 보면 경멸적인 단어다. 우리가 그 복잡성을 감추기 위해, 계속 속 편히 살기 위해, 우리가 실제보다 그들과 훨씬 더 멀다고 느끼기 위해 사용하는 단어다.

에모리대학의 유명한 영장류학자 프란스 드 발Frans de Waal은 이것이 인간이 항상 하는 일이라고 말한다. 우리의 상상 속 사다리에서 정상의 자리를 유지하기 위한 방법으로, 우리와 다른 동물들 사이의 유사성을 실제보다 과소평가하는 것 말이다. 드 발은 과학자들이 나머지 동물들과 인간 사이에 거리를 두기 위해 기술적인 언어를 사용함으로써 가장 큰 죄를 범하는 집단이라고 지적한다. 그들은 침팬지의 "키스"를 "입과 입 접촉"이라고 부르고, 영장류의 "친구"를 "특히 좋아하는 제휴 파트너"라고 부르며, 까마귀와 침팬지가 도구를 만들 수 있다는 증거에 대해서는 인류를 정의하는 종류의 도구 제작과는 질적으로 다른 것이라고 해석한다. 어떤 인지 과제에서 동물들이 우리보다 뛰어나다면—예를 들어 특정한 새 종들은 수천 개의 씨앗이 있는 정확한 위치를 기억할 수 있다—그들은 그것을 지능이 아니라 본능이라고 치부한다. 이와 같은 수많은 언어적 수법을 드 발은 "언어적 거세"라고 표현했다.[39] 즉 그것은 우리가 언어를 사용해 동물들의 중요성을 박탈하는 방식이자, 우리 인간이 정상의 자리에 머물기 위해 단어들을 발명하는 방식이라는 것이다.

나의 아버지는 "어류"라는 단어를 포기하고 싶어 하지 않았다. 그 단어를 너무 좋아하기 때문이다. 과학적으로 정확하지 않다는 건 이해하지만 유용한 단어라고 생각했다. 그 단어를 사용함으로써 세계를 경험하는 제한된 방식에 자신을 가두게 되는 것이 걱정되지 않느냐고 내가 묻자, 아버지는 불만스럽게 끙끙거리는 소리를 내더니 이렇게 말했다. "아이고, 나는 그게 뭐든, 아직 내가 해방되지 않은 것으로부터 해방되기에는 너무 늙었어."

큰언니는 물고기를 놓아버리는 데 아무런 문제도 없었다. 언니는 어류라는 범주 전체를 바로 손에서 놓아버렸다. 왜 언니한테는 그게 그렇게 쉬운 거냐고 묻자 이렇게 말했다. "왜냐하면 그게 피할 수 없는 사실이니까. 인간은 원래 곧잘 틀리잖아." 언니는 평생 사람들이 자신에 대해 늘 반복적으로 오해해왔다고 말했다. 의사들에게서는 오진을 받고, 급우들과 이웃들, 부모, 나에게서는 오해를 받았다고 말이다. "성장한다는 건, 자신에 대한 다른 사람들의 말을 더 이상 믿지 않는 법을 배우는 거야."

정말로 이 물음은 모든 사람마다 다 다르다.

에필로그

내가 물고기를 포기하면 얻게 되는 게 뭔지 나는 아직 몰랐다.

다만 시카고를 떠날 때가 되었다는 것은 알았다. 더 이상 나의 연옥에 숨어 있을 수만은 없다는 사실을. 헤더의 아파트에, 곱슬머리 남자가 언젠가는 내게 돌아올 거라는 헤더의 믿음이 따뜻하게 덥혀주던 그 2층짜리 둥지에 머물러 있는 것이 아무리 편안하게 느껴지더라도, 나는 내 인생을 계속 살아가야 했고, 혼돈 속으로 다시 들어가 무슨 일이 벌어지는지 지켜봐야 했다.

급히 이리저리 알아보다가 다행히 내셔널 퍼블릭 라디오National Public Radio, NPR의 과학 부문에서 임시직 프로듀서 일자리를 구했다. 나는 그 일 하나만으로 나의 돛을 가득 채워 밀어줄 만큼 충분한 바람이 되기를 소망했다. 그러나 그럴 수 있을 거라 믿지는 않았다.

어느 추운 2월의 오후, 나는 작은 자주색 차를 몰고 워싱턴 DC로 갔다. 그리고 주방에 침대가 하나 있고 천장 근처에 창이 두 개 있는 지하 아파트에 내 소지품들을 풀어놓았다. 나무들은 황량했고, 낮은 짧았고, 세상은 암울하게 느껴졌다.

나는 매일 걸어서 출근했다. 하루는 강도를 당했다. 하루는 서른 살이 됐다. 나는 그 도시에 아는 사람이 거의 없었다. NPR에서 나는 다른 사람인 척하는 사기꾼처럼 느껴졌다. 왠지 사람들이 진실을, 내가 바보에 얼뜨기, 자격 미달의 저널리스트, 문란한 여자, 사기꾼, 악당이라는 걸 알 것만 같았다.

사람들과 눈을 잘 마주치지 못했다. 나는 눈이 먼 사람들에 관한 이야기를 방송으로 만들었다. 아주 솔직히 말하면 진짜 나를 보지 못하는 사람들 곁에 있는 것에서 평온함을 느꼈다. 나는 곱슬머리 남자를 자주 생각했다. 총 생각도 자주 했다.

그러던 어느 날, 봄이 왔다. 나는 달리기를 하고 있었다. 전에는 한 번도 달려본 적 없는 동네의 언덕을 달려 올라갔다. 나무의 윗부분들은 하얗게 부풀어 오른 꽃잎들로 생기를 띠고 있었다. 언덕 꼭대기에 도착했다. 거기에는 공원이 기다리고 있었고, 그 공원에는 벤치와 작은 연못, 수선화와 폭삭폭삭한 파란 꽃과 고사리들로 복잡한 정원이 있었다. 나는 이어폰을 빼고 공원으로 들어갔다. 새 몇 마리가 지저귀는 소리가 들렸다. 내 얼굴 근처에서 뭔가 붕붕거리고 있었다. 잠자리인가? 벌? 확실치 않았다. 그러다 갑자기 어떤 비전이 보였다. 커튼의 모습을 한 비전이었다. 고사리, 잠자리, 벌새, 지금 내가 보고 있는 바로 그 동식물의 패턴이 프린트된 빅토리아풍의 커튼. 나는 아른아른하게 빛나는 어떤 의식을 느꼈다. 그것은 내가 보고 있는 그 모든 대상, 내가 한 번도 진정으로 의문을 가져본 적 없는 그 대상들의 질서가… 완전히 틀렸다는 의식이었다.

• 새: 명백히 열등한 존재지만, 곡예 솜씨가 감탄스러움.

- 잠자리: 멀리 떨어져 있는 영혼, 거의 동물 같지 않음(날개가 달린 잔가지).
- 나무: 식물 중 가장 강한 존재.
- 버섯: 나무의 변형된 동생.

이 직관적인 계층구조는 빅토리아풍의 커튼과 같은 것이라는 의식. 그것은 자연 위에 그린 인위적인 디자인으로, 인간의 눈에는 보기 좋을지 모르나 자의적인 것이다. 나는 그 커튼들이 바람에 나부끼며 창 너머의 모습을 슬쩍 보여주는 장면을 그려보았다.

나는 그 커튼들 너머, 우리가 자연 위에 그려놓은 선들 너머를 간절히 보고 싶었다. 다윈이 거기 있을 것이라 약속했던 땅, 분기학자들이 볼 수 있었던 땅, 어류는 존재하지 않으며 자연은 우리가 상상할 수 있는 것보다 더 경계가 없고 더 풍요로운, 아무런 기준선도 그어지지 않은 그곳을.

"다른 세계는 있지만, 그것은 이 세계 안에 있다."[1] W. B. 예이츠의 것으로 알려진 이 인용문을 나는 여러 해 동안 벽에 붙여두었다. 그 다른 세계가 바로 내가 보고 싶었던 세계였다. 나는 과학자들을 인터뷰하면서, 자연 다큐멘터리를 보면서, 위스키를 마시면서 그 세계를 찾으려 애썼다. 하지만 그 세계는 아무 데도 없었다.

그 세계를 보려면 아무래도 스노클이 필요할 터였다. 내가 마침내 그 너머의 세계를 보게 되려면, 플라스틱 스노클을 내 코에 세게 갖다 대야 할 터였다.

한번 설명해보겠다.

나는 한 여자를 만났다. 그 달리기를 하고 몇 달 뒤의 일이다. 7

월이었다. 어느 바에서였다. 그녀의 얼굴은 반짝이로 뒤덮여 있었다. 나보다 젊은 사람이었다. 나보다 키가 작았다. 여자였다. 이런 여러 가지는 "짝"에 대한 내 기준에 맞지 않았다.

만약 내가 여전히 그 곱슬머리 남자에 집착하고 있었다면 그녀를 놓쳤을 것이다.

나는 그녀에게 키스했다. 이건 그리 이상하지 않았다. 여자에게 키스하는 것은 이미 내가 너무 잘 알고 있었듯이 내가 좋아하는 일이었다. 하지만 나는 늘 그것이 재미일 뿐이라고, 느낌은 좋지만 함께 살기는 너무 어려울 거라고 생각했다. 나는 내가 남자를 필요로 한다고 확신했다. 내 영혼을 진정시키고, 이 크고 나쁜 세상에 맞서 내가 작고 보호받는 존재라는 느낌을 갖게 해줄 남자를.

하지만 말도 안 되게, 그녀에게서는 정말 좋은 맛이 났다. 라벤더처럼, 루비처럼, 사탕처럼, 수업을 빼먹으려고 둘러대는 거짓말처럼. 그녀는 나를 웃게 했다. 어느 여름밤, 함께 침대에 누워 있을 때 갑자기 그녀가 "당신의 섹슈얼리티를 존중해"라고 말했다. 내가 양성애자로 분류된다는 사실을 언급한 것이다. 양성애자. 두 가지 성. 둘. 그건 내가 싫어하는 단어였다. 그건 어쩐지 환원하는 동시에 비난하는 말처럼 느껴졌다. 하지만 나의 다양성을 존중해주는 그녀가 놀랍도록 사랑스럽다고 생각했다. 이어서 얼굴에 주름이 잡히더니 웃음을 터뜨렸다. "사회는 존중하지 않겠지만!" 내가 어깨를 찰싹 때리려 했지만 그녀는 재빨리 피했다.

나는 그녀를 따라잡을 수 없었다. 어느 날 포토맥강을 따라 자전거를 타다가 그녀가 경주를 시작했는데, 나는 그녀를 쫓아갈 수 없었다. 나는 거의 매일 7킬로미터씩 달렸다. 그런데도 나는 그녀를 따라잡을 수 없었다. 나는 그 느낌이 좋았다. 그녀는 정신도 나보다 더 민첩했다. 머뭇거리는 운전자에 대해, 스크램블드에그에 대해, 이메일에 이니셜만으로 서명하는 사람에 대해 아찔할 정도의 폭언을 순식간에 토해낼 수 있었다.

"당신 정말 *그렇게* 바빠?" 하고 그녀가 그르렁거린다. "자기는 4밀리초도 낭비할 수 없다는 걸 다른 사람에게 꼭 알려야 할 만큼 과로 컬트에 그토록 목을 매달고 살아야 하느냐고!" 그녀에게는 단어를 다루는 자기만의 독특한 방식이 있었다. 그녀는 어둡고 뭔가 어긋난 날을 "폴 볼스스러운Paul Bowlsey" 날이라고 말했다. 하루는 자기 어머니에 대한 새로운 사랑으로 심장이 찢어질 듯 활짝 열리고 있다는 걸 "협곡이 만들어지는 중"이라고 표현했다. 불을 붙이는 솜씨도 끝내줬는데, 축축한 나뭇잎과 성냥 하나만으로도 불을 지필 수 있었다. 그런데 연기가 나는 방향도 조절할 수 있을 만큼 솜씨가 좋아졌으면 하고 바랐다.

나는 이 모든 일이 무엇을 의미하는지에 대해 10월까지는 고심하지 않기로 했다. 10월이 왔고, 또 재빨리 갔다. 그러던 어느 날, 우리는 버뮤다로 가는 티켓을 샀다. 정부에 소속된 과학자인 그녀가 휴가를 냈다. 나는 기침하는 시늉을 했고, 그런 다음 사흘간 주말여행을 떠났다.

우리는 그 섬에서 가장 싼 에어비엔비 숙소를 골랐다. 지도에서 모든 휴양지와 가장 먼 곳에 위치한 지점에 있는 작은 아파트였다. 공항과 가까웠고, 토바코 베이Tobacco Bay(담배만)라는 해변과 가까웠다. 착륙할 때 우리는 물에 둥둥 떠다니는 담배꽁초들과 휘발유 얼룩이 가득한 파도를 상상하며 각오를 단단히 했다. 택시가 우리를 떨궈놓은 후, 우리는 가방을 내려놓고 물을 향해 질주했다.

이제부터는 나의 펜으로는 도저히 묘사할 수 없는 순간이다.

그곳은 높이 솟은 석회석 바위들이 에워싸고 있는 연한 녹청색의 작은 만이었다. 우리만의 사적인 아틀란티스. 물을 향해 달려가는 동안 우리는 해변 끝자락에 작은 오두막이 하나 있는 걸 발견했다. 버려진 집 같았다. 그러나 다가가 살펴보니 그 안에서 남자 한 명이 음료를 팔면서 스노클 장비를 대여하고 있었다.

에메랄드 같은 눈을 가진 그녀가 내게 스노클을 빌리고 싶은지 물었다. 나는 아니라고 했다. 오래전에 한번 시도해봤는데, 기억나는 거라곤 고무 맛과 코가 꽉 막힌 느낌뿐이었다.

이튿날 아침 나는 해변을 따라 천천히 오래 달렸는데, 사이사이 자주 멈춰서 물을 바라보거나 버려진 요새 안으로 들어가보기도 했다. 토바코 베이에 돌아왔을 때는 거의 두 시간이 지나 있었다. 아파트로 가서 그녀를 데려와야겠다고 생각했는데, 그러다가 *지금 바로*, 내 몸이 아직 뜨거울 때 물에 뛰어들고 싶다는 생각이 들었다. 저항할 수 없었다.

수영을 하며 약간 죄책감이 들었다. 여기서 나는 또 나 좋을 대로 행동하고 있었다. 그런데 나도 모르는 사이에 그녀가 나타났다. 어디서 나타난 것인지 알 수 없었다. 마치 인어처럼, 저 수평선 쪽에서 수면으로 튀어 올랐다. 가까이 다가오는 그녀가 스노클 마스크 속에서 히죽거리며 활짝 미소 짓고 있는 게 보였다.

"자, 해봐." 그녀가 얼굴에서 스노클 마스크를 빼며 말했다.

나는 눈 위로 마스크를 썼다. 머리를 물 밑으로 담갔다.

그건 엔도르핀 때문이었을까.

깨끗한 물 때문이었을까.

뭐였든.

하지만 그 물고기들이란.

물고기들은 내가 그때까지 본 무엇과도 달랐다.

노란 앵무새들과 검은 천사들과 아콰마린색 달의 조각들. 상당한 크기의 자주색 물고기 하나는 내가 강아지처럼 자기를 졸졸 따라다니게 해줬다. 나는 벅찬 감동을 느꼈지만, 감동의 소리를 낼 수 없었다. 그 감동을 제대로 표현하기 위해서는 물 위로 올라가야 했다. 나는 다시 물속으로 들어갔다. 거기 그들이 있었다. 내가 그렇게 수없이 글로만 읽었던 존재들. 아직 내가 이름도 모르는 존재들. 내가 아는 것이라고는 그들의 피부 아래 내가 상상했던 것보다 나와 훨씬 더 비슷한 내장기관이 있다는 것, 나와 똑같은 이온이 흐르고 있는 뇌가 있다는 것뿐이었다. 그리고 그들이 어류가 아니라는 것. 은빛 존재들 한 떼가 나를 향해 몰려오더니 잘하면 잡을 수도 있는 기차처럼 내 아래쪽에서 빠른 속도로 몰려다녔다. 나는 그 은빛 속으로 몸을 던졌다. 그들은 갈라지며 나를 자기들 안으로 받아주었다. 수백 마리의 은빛 영혼들이 나를 감쌌다.

나는 공기를 들이마시러 올라갔다.

그녀는 여전히 거기 있었다. 시간이 얼마나 흘렀는지 알 수 없었다. 5초? 사흘? 우리는 점점 더 멀리 헤엄쳐 작은 해변의 안전함에서 멀어졌고 석회암 절벽 모퉁이를 돌았다. 그곳의 물은 파도가 더 심했고 더 어둡고 더 차가웠지만 물고기들은 더 밝고 더 야생의 활기를 띠고 있는 것 같았다. 나는 그녀가 바닷속 바위들이 있는 곳으로 다이빙하는 모습을, 네온색 물고기들이 바위틈에서 폭발하듯 튀어나와 그녀 주위를 둥글게 감싸 돌아 그녀의 등 뒤로, 겨드랑이 아래로 휘감고 돌며 그녀가 입은 청록색 비키니 천을 스치며 지나가는 모습을 지켜보았다. 그녀는 그들의 일부였다. *'우린 모두 물고기야'* 하고 나는 생각했다. 어쩌면 그럴지도. 아마 아닐 공산이 크지만. 추위와 형형 색깔들이 그런 생각이 들어설 여지를 주지 않았다. 나는 생각했다. '스노클은 최고의 발명품이야. 스노클 발명가에게 신의 축복을. 스노클에게 평화상을.'

그러다 뭔가 잘못됐다는 걸 알았다. 그녀가 수영하는 동작이 갑자기 힘겨워 보였다. 그녀는 엉덩이 근처의 뭔가를 잡아당기고 있었다. 우리는 너무 멀리 나와 있는데…. 그런데 그때(그녀는 그 일을 이렇게 쓰고 있는 나를 죽이려 할지도 모른다), 그녀가 청록색 삼각 수영복을 다리 사이로 빼내고 나를 향해 헤엄쳐 왔다. 완전히 자유로워져서, 개구리처럼 발차기를 하며, 그저 나에게 보여주려고… 투명한 스노클을 통해… 보여주려고.

그때 나는 이제 다 끝났다는 걸 알았다.

'나는 이 사람이 없는 인생은 결코 원하지 않아.' 그때 내가 한 생각이다.

이건 내가 그려왔던 인생이 아니었다. 체격이 아주 작고, 나보다 일곱 살이 어리며, 자전거 경주에서 나를 이기고, 툭하면 나를 향해 어이없다는 듯 눈동자를 굴리는 여자를 쫓아다니는 것은. 그러나 이건 내가 원하는 인생이다. 나는 범주를 부수고 나왔다. 자연이 프린트된 커튼 뒤를 들춰보았다. 있는 그대로의 세상을, 무한한 가능성의 장소를 보았다. 모든 범주는 상상의 산물이다. 그건 세상에서 가장 근사한 느낌이었다.

* ★ *

이제는, 침대 위 에메랄드색 눈의 아내 곁에 누워 있을 때 총이 떠오르면—그렇다. 그건 여전히 떠오르고, 아마도 언제나 떠오를 것이다—나는 총이 주는 것들을 헤아려본다. 그것이 가져다줄 수 있는 해방, 그날의 스트레스와 내가 망쳐버린 것들에 대한 해결책, 수치의 종말에 관해.

그러다가 물고기에 관해 생각한다. 물고기가 존재하지 않는다는 사실을. 은빛 물고기 한 마리가 내 머릿속에서 녹아 사라지는 모습을 그려본다. 물고기가 존재하지 않는다면, 우리가 이 세계에 관해 아직 모르고 있는 것은 또 뭐가 있을까? 우리가 자연 위에 그은 선들 너머에 또 어떤 진실이 기다리고 있을까? 또 어떤 범주들이 무너질 참일까? 구름도 생명이 있는 존재일 수 있을까? 누가 알겠는가. 해왕성에서는 다이아몬드가 비로 내린다는데.[2] 그건 정말이다. 바로 몇 년 전에 과학자들이 그 사실을 알아냈다. 우리가 세상을 더 오래 검토할수록 세상은 더 이상한 곳으로 밝혀질 것이다. 부적합하다는 판정을 받은 사람 안에 어머니가 기다리고 있을지도 모른다. 잡초 안에 약이 있을지도 모른다. 당신이 얕잡아봤던 사람 속에 구원이 있을지도 모른다.

내가 물고기를 포기했을 때 나는, 마침내, 내가 줄곧 찾고 있었던 것을 얻었다. 하나의 주문과 하나의 속임수, 바로 희망에 대한 처방이다. 나는 좋은 것들이 기다리고 있다는 약속을 얻었다. 내가 그 좋은 것들을 누릴 자격이 있어서가 아니다. 내가 얻으려 노력했기 때문이 아니다. 파괴와 상실과 마찬가지로 좋은 것들 역시 혼돈의 일부이기 때문이다. 죽음의 이면인 삶. 부패의 이면인 성장.

그 좋은 것들, 그 선물들, 내가 눈을 가늘게 뜨고 황량함을 노려보게 해주고, 그것을 더 명료히 보게 해준 요령을 절대 놓치지 않을 가장 좋은 방법은 자신이 보고 있는 것이 무엇인지 전혀 모른다는 사실을, 매 순간, 인정하는 것이다. 산사태처럼 닥쳐오는 혼돈 속에서 모든 대상을 호기심과 의심으로 검토하는 것이다.

이 폭풍우는 짜증스럽기만 한 일일까? 어쩌면 그것은 거리를 혼자 차지할 수 있는 기회, 온몸을 빗물에 적셔볼 기회, 다시 시작할 기회일 수도 있다. 이 파티는 당신이 예상하는 것만큼 따분할까? 어쩌면 그 파티에서는 담배를 입에 물고 댄스플로어 뒷문 옆에서 당신을 기다리는 친구가 있을지도 모르고, 그 친구는 앞으로 수년간 당신과 함께 웃고 당신의 수치심을 소속감으로 바꿔줄지도 모른다.

내가 세계를 이런 식으로 보는 데 익숙하다는 말은 아니다. 나는 나의 확실성을—그러니까 나의 테디베어를—꼭 붙잡고 있고, 원망은 늘 그대로 남아 있으며, 나의 두려움은 늘 빵빵하게 차 있고, 지구는 납작하다. 하지만 그러다가 나는, 이를테면 인체에서 "사이질interstitium"[3]이라는 새로운 기관이 발견되었다는 기사를 읽는다. 늘 거기 있었지만 어째선지 수천 년 동안 사람들이 놓치고 있었던 것. 그러면 세계는 조금 더 벌어지며 열린다. 그리고 나도 다윈이 했던 것처럼 해야 한다는 것을 되새긴다. 우리의 가정들 뒤에서 기다리고 있는 현실에 관해 궁금해해야 한다는 것을. 그 볼품없는 박테리아는 어쩌면 당신이 숨 쉬는 데 필요한 산소를 만들고 있는지도 모른다. 당신을 그 단단한 가장자리에서 마지못해 뛰어

내리게 했던 실연은 결국 더 좋은 짝을 찾게 해준 선물로 밝혀지게 될지도 모른다. 어쩌면 당신의 꿈들까지도 검토가 필요할지도 모른다. 어쩌면 당신의 희망까지도… 어느 정도 의심해볼 필요가 있는지도 모른다.

내가 열여섯 살 때 나는 큰언니가 결국 집에서 나와 부모님의 집에서 13킬로미터 정도 떨어진 곳에 있는 아파트에서 살게 될 거라고 짐작도 하지 못했다. 언니가 그 아파트의 벽을 꽃 스티커로 도배하고, 침대에 동물 인형들을 잔뜩 늘어놓고, 시리얼을 냉장고에 보관할 거라고는 상상도 못했다. 천천히 이웃 몇 사람과 친구가 되고, 어느 나이 든 부인의 장보기를 도와주고, 한 젊은 부부가 아기 돌보는 걸 도와주게 되리라고도. 언니에게 끔찍한 자동차 사고가 일어나고, 아무도 다치지는 않았지만 차 두 대가 찌그러진 그 사고 현장에서 언니가 운전을 완전히 그만두게 되리라고도. 그리고 그 후 언니가 걷기 시작하고, 연한 청록색 힙색을 차고 보스턴 시를, 보스턴의 인도와 다리와 철로 옆을 걸어 다니며 모르는 사람들과 잡담을 나누게 되리라고도. 장애가 있는 성인들을 위한 교사 한 명이 그런 언니를 알아보고 걷기 수업을 함께 이끌어달라고 요청하게 되리라고도. 지금 언니가 일종의 생계를 위한 걷기를, 살기 위한 걷기를 하게 되리라는 것을 그때는 생각도 못했다. 보스턴에 사는 내 친구들은 내게 밝은 힙색을 차고 미소를 지으며 걷고 있는 큰언니를 곧잘 본다고 말해준다. 미소 짓는 언니를 보면 자기들도 미소 짓게 된다고.

나는 언니와 아버지가 그들만의 좀 이상한 방식이지만 가까운 사이가 될 거라는 사실을 알지 못했다. 막대빵에 대한 사랑을 공유하며 단둘이서만 제일 좋아하는 이탈리아 식당에 다니게 되리라는 것도. 때때로 언니가 아주 짧게 아버지의 어깨에 머리를 기대는 모습을 보게 되고, 그 한순간 모든 행성의 무게가 사라져버리게 되리라는 것도. 원기 왕성하던 나의 친할머니가 갑자기 심하게 앓아눕게 되리라는 것도. 늘 남들을 세심히 배려하며 극도로 시간을 엄수하는 큰언니가 너무나도 자기다운 행동 방식으로 아버지에게 애도의 카드를 써서 부치고, 그 카드가 공교롭게 하루 일찍 도착하게 되리라는 것도. 다음 날 할머니가 숨을 거두고, 얼마 후 아버지가 언니의 카드를 생각하며 웃게 되리라는 것도. 그것이 그 가장 쓸쓸한 날에 처음으로 번진 따뜻함이리라는 것도.

나는 또 그 에메랄드 눈을 가진 소녀와 함께 찾은 우리의 안식처도 전혀 상상할 수 없었다. 우리의 포치를 반딧불이들과 진달래 덤불이 뒤덮고, 그 덤불에 때때로 새들의 둥지가 돋아나고, 우리의 잔디밭에 잔디는 그리 많이 자라지 않지만 화덕 하나를 놓게 되리라는 것도. 그래서 이따금 이웃들이 자기네 크리스마스트리를 땔감으로 가져와 함께 시큼한 체리주를 마시게 되리라는 것도. 그리고 마침내 작은 사내아기가 우리가 베지 않아 웃자란 미나리아재비 덤불을 향해 땅 위를 기어가게 되고, 세상에서, 두근, 가장 멋지고, 두근, 가장 재미있는, 두근, 장난감을 밀고 다니게 될 거라는 것도.

* * *

과학자들은 "긍정적 환상을 갖는 것이 목표를 성취하는 데 도움이 된다"는 말이 사실이라는 것을 밝혀냈다. 하지만 나는 서서히, 목표만 보고 달려가는 터널 시야 바깥에 훨씬 더 좋은 것들이 기다리고 있다는 걸 믿게 됐다.

내가 물고기를 포기했을 때 나는 해골 열쇠를 하나 얻었다. 이 세계의 규칙들이라는 격자를 부수고 더 거침없는 곳으로 들어가게 해주는 물고기 모양의 해골 열쇠. 이 세계 안에 있는 *또 다른 세계.* 물고기가 존재하지 않고 하늘에서 다이아몬드 비가 내리며 모든 민들레가 가능성으로 진동하고 있는, 저 창밖, 격자가 없는 곳.

그 열쇠를 돌리기 위해 당신이 해야 하는 유일한 일은… 단어들을 늘 신중하게 다루는 것이다. 물고기가 존재하지 않는다면, 우리는 또 무엇을 잘못 알고 있을까? 과학자의 딸인 나로서는 깨닫기까지 오래 걸리긴 했지만, 내가 물고기를 포기할 때 나는 과학 자체에도 오류가 있음을 깨닫는다. 과학은 늘 내가 생각해왔던 것처럼 진실을 비춰주는 횃불이 아니라, 도중에 파괴도 많이 일으킬 수 있는 무딘 도구라는 것을 깨닫는다.

그 "질서"라는 단어도 생각해보자. 그것은 *오르디넴ordinem*이라는 라틴어에서 왔는데, 이 단어는 베틀에 단정하게 줄지어 선 실의 가닥들을 묘사하는 말이다. 시간이 지나면서 그 단어는 *사람*들이 왕이나 장군 혹은 대통령의 지배 아래 얌전히 앉아 있는 모습을 묘사하는 은유로 확장되었다. 1700년대에 와서야 이 단어가 자연에 적용되었는데, 그것은 자연에 질서정연한 계급구조가 존재한다는 추정—인간이 지어낸 것, 겹쳐놓기, 추측—에 따른 것이었다. 나는 이 질서를 무너뜨리는 것, 계속 그것을 잡아당겨 그 질서의 짜임을 풀어내고, 그 밑에 갇혀 있는 생물들을 해방시키는 것이 우리가 인생을 걸고 해야 할 일이라고 믿게 되었다. 우리가 쓰는 척도들을 불신하는 것이 우리가 인생을 걸고 해야 할 일이라고. 특히 도덕적·정신적 상태에 관한 척도들을 의심해봐야 한다. 모든 자ruler 뒤에는 지배자Ruler가 있음을 기억하고, 하나의 범주란 잘 봐주면 하나의 대용물이고 최악일 때는 족쇄임을 기억해야 한다.

내가 이 단어들을 타이핑하고 잠시 뒤에 우리가 사는 마을, 버지니아주 샬러츠빌에 백인 우월주의자들이 급습했다. 그들은 우리 집 앞 진입로에 깔아놓은 자갈들 위로 차를 세웠다. 멋 부린 헤어스타일에 나치 표지를 단 방패를 든 그들은 남부연맹군 지도자의 동상 하나를 지키려고 공원으로 돌진했다. 그들은 시위자 군중을 향해 차를 몰아, 한 사람을 죽이고 수십 명에게 부상을 입혔으며, 그들의 부츠와 그들의 구호와 그들의 신념으로 한 흑인 남자를 피가 나도록 구타했다.[4]

그 일이 다 끝난 뒤 백인 우월주의자들의 지도자라는 사람이 라디오에 출연했다. 그는 목숨을 앗아간 데 대해서는 유감을 표했지만, 자신들의 생각에 대해서는 그러지 않았다. 어떤 인종은 다른 인종보다 더 높은 위치에 있고, 백인은 흑인보다 우월하다는 생각, 그것은 "그냥 과학의 문제"라고 그는 킬킬거리며 말했다.[5] 아무 문제 될 것 없다는 투로.

이 사다리, 그것은 아직도 살아 있다.

이 사다리, 그것은 위험한 허구다.

물고기는 존재하지 않는다.

이 말은 그 허구를 쪼개버릴 물고기 모양의 대형 망치다.

* * *

침대 위 내 옆에서 아내의 움직임이 느껴진다. 내 어깨를 찰싹 때린다. "진정해, 뒤척쟁이." 그녀가 우물우물 말한다. 내가 계속 뒤척이고 있다는, 들썩거리고 돌아누우며 잠들지 못한다는 말이다. 그녀는 내가 자기와 함께 평화로움 속으로, 깊은 잠 속으로, 우리의 연한 파란색 이불의 부드러운 솜 파도 속으로 들어가기를 바랄 뿐이다.

나는 따스함이 넘쳐나는 그녀의 허벅지를 움켜잡고 생각한다. 가장 희망적이었던 순간에조차, 나의 하찮은 뇌는 그녀만큼 한없이 도취시키는 존재를 꿈에도 결코 상상해내지 못할 거라고.

삽화에 관한 몇 마디

이 책에 실린 삽화는 19세기에 처음 생긴, 판에 직접 새기는 스크래치보드 기법으로 만든 것이다. 점토로 된 흰 하드보드를 검은 먹물로 코팅하고, 무엇이든 긁어낼 수 있는 도구로 검은 부분을 긁어내어 그림을 새기는 방법이다. 이 책 삽화에서 판화가는 바늘을 기본 도구로 사용했다.

변화에 관한 몇 마디

이 책이 출간되고 여섯 달 뒤, 스탠퍼드대학과 인디애나대학은 데이비드 스타 조던의 이름이 붙은 건물의 이름을 바꾸기로 결정했다. 두 학교 모두 학생들과 임직원, 교직원, 졸업생들이 편지와 기사, 온·오프라인 시위로 항의한 결과 내려진 결정이다.

감사의 말

무엇보다 먼저, 이 책은 지적인 부분에서 대모 역할을 해준 캐럴 계숙 윤 덕분에 탄생할 수 있었습니다. 이 책에서 논의한 과학적 주제에 조금이라도 관심이 생긴 분이라면, 직관과 진실의 충돌에 관한 놀라운 사실을 자세히 들려주는 윤의 책 《자연에 이름 붙이기Naming Nature》를 향해 걷지 말고 뛰어가보시기를 권합니다. 내가 처음 분기학이라는 토끼굴에 빠졌을 때, 그 주제에 관해 기꺼이 이야기를 들려준 윤을 만난 것은 내게 큰 행운이었고, 윤은 늘 너무나도 관대하고 자애로운 안내자가 되어주었습니다.

다음으로, 이 책의 착상 단계에서부터 함께해준 헤더 래드키에게 감사를 전합니다. 추운 도시의 따뜻한 소파에서, 내가 이 모든 게 흥미로운 일이라고 믿게 해준 친구. 그런 믿음은 사람이 다른 사람에게 줄 수 있는 최고의 선물이지요. 특히 아주 외로운 사람에게는 더욱더 말입니다. 헤더, 고마워.

그리고 아자, 릴리, 사리타, 라마, 로이, KK, 키다에게. 당신들이 아는지 모르는지 모르지만, 당신들은 줄곧 내 마음속의 소리 없는 천사들이었고, 응원과 유머와 격려의 파괴되지 않는 원천이었답니다. 거기 있어줘서 고마워요.

내게 처음으로 작은 것들에 관심을 기울이도록 가르쳐준 나의 어머니, 로빈 퓨어 밀러에게 감사합니다. 어머니의 사랑은 내가 가장 어두운 날을 통과하는 동안 나를 붙잡아준 밧줄이었어요.

내게 처음으로 확실성을 조심해야 한다고 가르쳐준 작은언니 알렉사 로즈 밀러에게 감사합니다. 지난 20년 동안 언니는 의료계 전문가들에게 불확실성을 포용하는 방법과, 그렇게 하는 것이 왜 생명을 구하는 일인지 가르쳐왔습니다. 언니의 너무나 훌륭하고 도발적인 작업은 나의 사고에도 엄청난 영향을 미쳤습니다. 언니가 하는 일에 관심 있는 분은 ArtsPractica.com에서 더 자세히 알 수 있습니다.

나에게 강해지는 법에 관해 지구상 그 누구보다 많이 가르쳐준 나의 큰언니 애비게일. 이 책에서 언니 삶의 일부를 이야기할 수 있게 해주고, 그렇게 맹렬히 나를 사랑해주고, 나를 그렇게 격하게 웃게 만들어준 것에 감사합니다.

조너선 퍼킹 콕스에게! 따개비와 혹들이 가득한 이 책에서 빛을 봐준 것에 대해, 그리고 그 빛이 밖으로 빛날 수 있도록 내게 맞서 그렇게 거세게 싸워준 것에 대해 감사해요. 이 페이지들을 홈베이스까지 완주하게 해준 메건 호건에게, 그리고 사이먼 앤드 슈스터에서 성실함과 창의성으로 도움을 준 에밀리 사이먼슨, 재닛 번, 새러 키친, 커스틴 번트, 줄리아 프로서, 엘리스 링코, 칼리 로먼, 앨리슨 포너, 앨리슨 하즈비에게 큰 감사를 드립니다. 승산이 불확실한 책에 기꺼이 베팅해준 조너선 카프와 리처드 로러에게도 감사합니다. 이 책의 전반적인 사실 확인을 꼼꼼하게 해준 에밀리 크리거와 미셸 해리스 두 팩트체커에게도 감사 인사를 드립니다.

최고의 에이전트 진 오, 나의 미친 짓에 동참해준 것뿐 아니라, 내가 필요할 때마다 나서서 도와준 것까지 모두 감사합니다.

그리고 나의 끝없는 질문에 시간을 내어준 모든 학자들과 사상가들에게 감사드립니다. 특히 폴 롬바르도, 데이브 카타니아, 벨 에슈메이어, 치오키 랜슨, 메이카 폴란코, 릭 윈터바텀, 앨릭스 미나 스턴, 앨리슨 벨, 대니얼 롭, 트렌턴 메릭스, 애비와 귀온 프랫, 스티브 파터슨, 블리스 카노찬, 루서 스피어, 조너선 밸컴, 스미스소니언 박물관의 크리스 머피와 데이비드 G. 스미스, 페니키스 섬의 코코 웰링턴, 아일린 카셀라 라이더, 도리엔 미베인, 매기 커틀러, 마크 볼드, 스탠지 보벨, 크리스토프 엄셔, 다이나 켈램스, 안드리아 바버, 스탠퍼드대학 특별컬렉션과 후버연구소, 인디애나대학 기록관리소의 기록 관리자들, 여러분의 넘치는 도움에 깊이 감사드립니다.

어원과 어류학에 관해 도움을 준 크리스토퍼 샤프에게도 감사합니다. 물고기의 이름에 관한 흥미진진한 어원 이야기가 궁금하다면 그의 사이트 "The ETYFish Project"로 헤엄쳐 넘어가보시기 바랍니다. 스탠퍼드대학의 리처드 화이트와 그의 훌륭한 제자들은 문서들과 통찰들을 관대히 나눠주셨지요. 나를 믿고 자신들의 이야기를 기꺼이 들려주며, 시간과 지혜, 다시 한번 겸허해지게 만드는 친절함을 보여준 애나와 메리에게도 크나큰 감사를 전합니다.

용감하게도 이 책의 초기 원고를 읽어준 분들, 제니 캔턴, 앨릭시스 셰트킨, 넬 뵈제켄스타인, 그레이스 멀로니 밀러, 헤더 래드키, 켈리 리비, 로빈 퓨어 밀러와 크리스 밀러에게 감사합니다. 여러분이 관심과 시간을 들여 지적해준 사항들은 아마 내가 절대 갚지 못할 선물이겠지만, 그래도 꼭 갚으려 노력할 거예요. 그리고 우리의 이야기를 여기 담도록 허락해준 곱슬머리 남자에게, 그리고 (결국 성은 아니었지만) 최고의 온실이 되어준 것에 감사를 전합니다.

추천할 책이 두 권 있습니다. 하나는 페니키스 섬의 소년원에서 교사로 일한 시간을 담은 대니얼 롭의 회고록 《그 물을 건너다 Crossing the Water》입니다. 그의 글은 페니키스 섬처럼 황량하면서도 벅차고, 때로는 연약하고 때로는 강경합니다. 격리와 고된 노동의 가치에 대해, 장소가 사람의 영혼을 바꿀 수 있는가에 관해 그가 제기한 의문들이 계속 나의 뇌리에 남아 있습니다. 또 한 권은 제니퍼 마이클 헥트의 《살아야 할 이유Stay: A History of Suicide and the Philosophies Against It》(열린책들, 2014)로, 자살에 반대하는 훌륭한 비종교적 주장들을 펼쳐놓았습니다. 두 책 모두 매우 아름다운 독서 경험을 안겨주었고, 나는 이 선물 같은 책들을 언제까지나 소중히 여길 것입니다.

나는 이 나라의 가장 훌륭한 스토리텔러들과 함께 교육받을 수 있는 행운, 너무나 큰 행운도 누렸습니다. 자드 아붐라드, 알릭스 스피겔, 하나 로신, 엘런 혼, 앤 구덴코프, 첸제라이 쿠마니카, 키다 존슨, 로버트 크럴위치, 도미닉 프레지오시, 크리스 틸그먼, 그리스 패스터치크, 줄리아 베이터, 팻 월터스, 소렌 휠러, 여러분 각자가 나에게 쏟아준 시간들에 감사합니다. 그 시간들이 내 인생의 경로를 바꿔놓았어요. 또한 이 책을 위한 자금과 공간이라는 관대한 선물로 후원해준 버지니아인문학재단, 버지니아크리에이티

브아트센터, 오섬펀드에도 감사드립니다. 그리고 나를 너무나 따뜻하게 맞이해주고 너무나 많은 웃음을 선사해준 멀로니 가족에게도 감사드립니다. 여러분의 사랑은 노라가 제일 좋아하는 소파보다도 더 아늑하답니다.

일러스트레이터 케이트 샘워스! 당신이 내가 쓴 글에서 이미지들을 뽑아내는 것을 본 것은 이 책을 내는 경험 전체에서 가장 큰 즐거움이었어요. 이 감사의 글을 읽는 모든 분께, 만약 일러스트레이터가 필요하다면 케이트가 뭐든 다 할 수 있다는 걸 알려드립니다. 유화, 수채화, 목판화, 스크래치보드, 심지어 클레이메이션도요. 케이트는 바닥 모를 창조성과 경이로움을 지닌 괴짜 천재입니다. 당신의 어마어마한 재능을 이 프로젝트에 보태줘서 정말 고마워요.

나의 아빠 크리스 밀러, 아빠의 몇몇 최악의 순간들까지 있는 그대로 다 쓰게 해준 것, 그리 신경 쓰지 않은 것, 그리고 너무나 깊이 신경 써준 것에 감사드려요.

이 책 때문에 내가 함께 있어주지 못하는 동안 나의 아내와 개를 즐겁게 해준 윌콕스 가족에게, 강인한 기개를 보여준 밥과 아이니에게, 불꽃놀이를 보여준 제프 워너에게 감사합니다.

겨우 생후 11개월에 이는 하나도 없지만, 그래도 벌써 번개를 보고 미소 지을 줄 아는 사랑스러운 주드에게도 고마움을 전합니다.

그리고 무엇보다, 누구보다 그레이스에게 감사합니다. 무수한 방식으로 이 책을 응원해준 것도 고맙고, 뭘 쏟아준 것도 고맙고, 혀를 데지 않는 방법을 끝내 배우지 못한 것도 고마워. 당신과 함께 보내는 시간이 내 인생에서 가장 위대한 순간입니다.

주석

프롤로그

1 David Starr Jordan, *The Days of a Man: Being Memories of a Naturalist, Teacher and Minor Prophet of Democracy, Volume One,* 1851-1899 (Yonkers-on-Hudson, NY: World Book Company, 1922), 288.

1. 별에 머리를 담근 소년

1 Jordan, *The Days of a Man, Volume One,* 21.
2 같은 책, 21. 조던은 그 이름을 선택한 것이 부분적으로는 "킹의 글들을 대단히 존경했던 어머니"를 기리기 위한 것이기도 하다고 말한다. 참고로 스타 킹Starr King(1824~1864)은 유니테리언파 목사로, 남북전쟁기 캘리포니아 정계에서 영향력이 컸다. 열성적으로 연방을 지지했으며, 링컨 대통령은 캘리포니아가 독립 공화국으로 분리되지 않은 것은 킹 덕분이라고도 말했다.
3 같은 책, 14.
4 같은 책, 9.
5 같은 책, 3, 11-12, 22, 26.
6 같은 책, 22.
7 같은 책, 3, 4, 7.
8 같은 책, 41-44.
9 Louis Agassiz, *Methods of Study in Natural History* (Boston: J. R. Osgood and Company, 1875), 7; Kathryn Schulz, "Fantastic Beasts and How to Rank Them," *The New Yorker,* Oct. 30, 2017.
10 Carol Kaesuk Yoon, *Naming Nature: The Clash Between Instinct and Science* (New York: W. W. Norton & Company, 2009), 34-35.

11 Jordan, *The Days of a Man, Volume One,* 22.
12 같은 책, 24.
13 상동.
14 상동.
15 상동.
16 같은 책, 25.
17 Edward McNall Burns, *David Starr Jordan: Prophet of Freedom* (Stanford, CA: Stanford University Press, 1953), 2.
18 같은 책, 28.
19 같은 책, 38.
20 같은 책, 40.
21 같은 책, 3.
22 같은 책, 9.
23 상동.
24 같은 책, 27.
25 Pencil-and-ink drawings, SC0058, Series II-B, Box 6B, Special Collections and University Archives, Stanford University.
26 Jordan, *The Days of a Man, Volume One,* 512.
27 Werner Muensterberger, *Collecting: An Unruly Passion* (Princeton, NJ: Princeton University Press, 1994), 3, 254.
28 "Collecting Can Become Obsession, Addiction," United Press International, March 15, 2011, https://www.upi.com/Health_News/2011/03/16/Collecting-can-become-obsession-addiction/59301300299887/?ur3=1.
29 Muensterberger, *Collecting: An Unruly Passion,* 6.
30 Jordan, *The Days of a Man, Volume One,* 24.
31 같은 책, 149-54.

2. 어느 섬의 선지자

1 David Starr Jordan, "The Flora of Penikese Island," *The American Naturalist,* Apr. 1874, 193.
2 Daniel Robb, *Crossing the Water: Eighteen Months on an Island Working with Troubled Boys—a Teacher's Memoir* (New York: Simon & Schuster, 2002), 36.
3 Marlene Pardo Pellicer, "The Outcasts of Penikese Island," *Miami Ghost Chronicles,* Aug. 31, 2018.
4 Elizabeth Mehren, "Disciplinary School for Boys Teaches Some Tough Lessons," *Chicago Tribune,* Aug. 17, 2001.

5 I. Thomas Buckley, *Penikese: Island of Hope* (Brewster, MA: Stony Brook Publishing, 1997), 72.

6 Dave Masch, as quoted in Daniel Robb, *Crossing the Water: Eighteen Months on an Island Working with Troubled Boys—a Teacher's Memoir* (New York: Simon & Schuster, 2002), 34.

7 Jordan, *The Days of a Man, Volume One,* 118.

8 Samuel H. Scudder, "In the Laboratory with Agassiz," *Every Saturday,* April 4, 1974, 369-70.

9 William James, *Louis Agassiz: Words Spoken by Professor Williams James at the Reception of the American Society of Naturalists by the President and Fellows of Harvard College* (Cambridge, MA: Printed for the University, 1897), 9.

10 Frank Haak Lattin, *Penikese: A Reminiscence by One of Its Pupils* (Albion, NY: Frank H. Lattin, 1895), 54.

11 Jordan, *The Days of a Man,* Volume One, 104-6.

12 Lattin, *Penikese: A Reminiscence,* 42.

13 Burt G. Wilder, "Agassiz at Penikese," *The American Naturalist,* March 1898, 190.

14 Jordan, *The Days of a Man, Volume One,* 10.

15 같은 책, 18.

16 David Starr Jordan, "Agassiz at Penikese," *Popular Science Monthly,* Apr. 1892, 723.

17 Wilder, "Agassiz at Penikese," 190-91.

18 Lattin, *Penikese: A Reminiscence,* 24.

19 같은 책, 21.

20 Jordan, *The Days of a Man, Volume One,* 109.

21 Wilder, "Agassiz at Penikese," 191.

22 상동.

23 "Rest in Peace: Burial of Mrs. Susan B. Jordan," unknown publication, Nov. 17, 1885, 000240, Box 38 (Susan Bowen Correspondence), Folder 38-24, Hoover Institution Archives.

24 David Starr Jordan, "Agassiz at Penikese," 725.

25 John G. Whittier and T. W. Parsons, *"The Prayer of Agassiz": A Poem and "Agassiz": A Sonnet* (Cambridge, MA: Riverside Press, 1874), 3-4.

26 Louis Agassiz, *Essay on Classification* (Cambridge, MA: Belknap Press of Harvard University, 1962), 9.

27 Markus Eronen and Daniel Stephen Brooks, "Levels of Organization in Biology," *Stanford Encyclopedia of Philosophy,* Feb. 5, 2018. https://plato.stanford.edu/entries/levels-org-biology/.

28 Agassiz, *Methods of Study in Natural History,* 71.

29 Louis Agassiz, *The Structure of Animal Life: Six Lectures Delivered at the Brooklyn Academy of Music in January and February* (New York: Scribner, 1886), 35.

30 Agassiz, *Essay on Classification,* 159.

31 Agassiz, *Methods of Study in Natural History,* 70.

32 같은 책, 7.

33 같은 책, 71.

34 Louis Agassiz, "Evolution and Permanence of Type," *Atlantic Monthly,* Jan. 1874.

35 Agassiz, *Essay on Classification,* 10; Agassiz, *Structure of Animal Life,* 111.

36 Jordan, "Agassiz at Penikese," 725.

37 Jordan, *The Days of a Man, Volume One,* 118.

38 Whittier, "*The Prayer of Agassiz,*" 4.

39 Jordan, *The Days of a Man, Volume One,* 111.

40 같은 책, 111-12.

41 같은 책, 112.

42 같은 책, 119.

3. 신이 없는 막간극

1 Neil deGrasse Tyson, "Space," *Radiolab,* Oct. 21, 2007.

2 Albert Camus, *The Myth of Sisyphus: And Other Essays* (New York: Vintage International, 1955), 7. 알베르 카뮈, 《시시포스 신화》, 오영민 옮김, 연암서가, 2014.

3 William Cowper, Dale Peterson, ed., *A Mad People's History of Madness* (Pittsburgh: University of Pittsburgh Press, 1982), 65쪽에서 재인용.

4 Jordan, *The Days of a Man, Volume One,* 120.

5 Charles Darwin, *On the Origin of Species by Means of Natural Selection, or the Preservation of Favoured Races in the Struggle for Life* (Mineola, NY: Dover Publications, 2006), 303. 찰스 다윈, 《종의 기원》, 장대익 옮김, 사이언스북스, 2019.

6 같은 책, 301.

7 같은 책, 304.

8 같은 책, 288.

9 Jordan, *The Days of a Man, Volume One,* 114.

4. 꼬리를 좇다

1 Jordan, *The Days of a Man, Volume One,* 140-41.
2 같은 책, 141.
3 같은 책, 140.
4 같은 책, 144.
5 같은 책, 202.
6 Jordan, *The Days of a Man, Volume One,* 205-9.
7 같은 책, 208.
8 같은 책, 228.
9 같은 책, 129.
10 같은 책, 212.
11 David Starr Jordan, Edwin Grant Conklin, Frank Mace McFarland, and James Perrin Smith, *Foot-Notes to Evolution: A Series of Popular Addresses on the Evolution of Life* (New York: D. Appleton, 1898), 277.
12 같은 책, 278.
13 같은 책, 204, 210, 215, 221.
14 같은 책, 211-12.
15 같은 책, 226.
16 같은 책, 297.
17 "Collected from the Ashes!," *Bloomington Telephone,* July 21, 1883.
18 Jordan, *The Days of a Man, Volume One,* 279.
19 Edith Jordan Gardner, "The Days of Edith Jordan Gardner" (unpublished, 1961), SC0058 Series VIII-B, Box 1, Folder 3, Special Collections and University Archives, Stanford University.
20 "Rest in Peace: Burial of Mrs. Susan B. Jordan," David Starr Jordan papers, Hoover Institution Archives.
21 Multiple correspondences, 1884, David Starr Jordan papers, 000240, Box 38, Hoover Institution Archives (David Starr Jordan to Susan Bowen Jordan, Oct. 24, 1884; Susan Bowen Jordan to her father, Jan. 22, 1884).
22 Jordan, *The Days of a Man, Volume One,* 530-33.
23 Gardner, "The Days of Edith Jordan Gardner."
24 Jordan, *The Days of a Man, Volume One,* 326.
25 같은 책, 46.
26 Theresa Johnston, "Meet President Jordan," *Stanford Magazine,* Jan. 2010.
27 Orrin Leslie Elliott, "David Starr Jordan: An Appreciation," *Stanford Illustrated Review,* Oct. 1931.
28 Jordan, *The Days of a Man, Volume One,* 46.

29 Daniel G. Kohrs, "Hopkins Seaside Laboratory of Natural History," *Seaside: History of Marine Science in Southern Monterey Bay,* 2013, 40, https://web.stanford.edu/group/seaside/pdf/hsl4.pdf.

30 unnamed reporter, "David Starr Jordan Lauds Work of Late C. H. Gilbert," 1928.

31 1863년 8월 10일, 루이 아가시가 새뮤얼 그리들리 하우에게 한 말. Steven Jay Gould, *The Mismeasure of Man* (New York: W. W. Norton & Company, 1996), 80에서 재인용. 스티븐 제이 굴드, 《인간에 대한 오해》, 김동광 옮김, 사회평론, 2003.

32 Jordan, *The Days of a Man, Volume One,* 113-14.

33 같은 책, 377.

34 같은 책, 512-13.

35 같은 책, 512.

36 같은 책, 531.

37 같은 책, 23-24.

38 같은 책, 380.

39 같은 책, 289-295.

40 David Starr Jordan, *The Days of a Man: Being Memories of a Naturalist, Teacher and Minor Prophet of Democracy, Volume Two, 1900–1921* (Yonkers-on-Hudson, NY: World Book Company, 1922), 105.

41 Jordan, *Days of a Man: Volume One,* 263-67.

42 같은 책, 263.

43 Jane Lathrop Stanford to Horace Davis, Jan. 28, 1905, Special Collections and University Archives, Stanford University, SC0033B, Series I, Box 2, Folder 10, 1-8, https://purl.stanford.edu/sn623dy4566; J. Stanford to David Starr Jordan, Aug. 9, 1904, 상동.

44 Robert W. P. Cutler, MD, *The Mysterious Death of Jane Stanford* (Stanford, CA: Stanford University Press, 2003), 32.

45 David Starr Jordan to Jane Stanford, Sep. 5, 1904. Special Collections and University Archives, Stanford University, SC0033B, Series I, Box 6, Folder 35, 22-23, https://purl.stanford.edu/hm923kc8513; See also, *Sciosophy* writings.

46 Jordan, *The Days of a Man, Volume One,* 219-20.

47 같은 책, 220.

48 David Starr Jordan, "The Sympsychograph: A Study in Impressionist Physics," *Popular Science Monthly,* Sept. 18, 1896; David Starr Jordan, "The Principles of Sciosophy," *Science,* May 18, 1900.

49 David Starr Jordan, "Science and Sciosophy," *Science,* June 27, 1924, 565.

50 같은 책, 569.

51 David Starr Jordan, "The Moral of the Sympsychograph," *Popular Science Monthly,* Oct. 1896, 265.

52 Jane Stanford to Horace Davis, July 14, 1904 (Stanford University Archives), as cited in Cutler, *The Mysterious Death of Jane Stanford,* 107.

53 Cutler, *The Mysterious Death of Jane Stanford,* 32.

5. 유리단지에 담긴 기원

1 저자와의 인터뷰 2017년 10월 27일.

2 Jordan, *The Days of a Man, Volume One,* 145.

3 같은 책, 121.

4 같은 책, 238.

5 같은 책, 113-14.

6 David Starr Jordan, *A Guide to the Study of Fishes* (New York: Henry Holt and Company, 1905), 430.

7 Jordan, *The Days of a Man, Volume Two,* 84.

8 Jordan, *The Days of a Man, Volume Two,* 83.

9 Bliss Carnochan, "The Case of Julius Goebel: Stanford, 1905," *The American Scholar,* Jan. 2003, 97; Cutler, *The Mysterious Death of Jane Stanford,* 73.

10 Luther William Spoehr, "Freedom to Do Right: David Starr Jordan and the Goebel and Rolfe Cases" (adapted from Luther William Spoehr: "Progress' Pilgrim: David Starr Jordan and the Circle of Reform, 1891-1931," PhD dissertation, Stanford University, 1975), 2.

11 Carnochan, "The Case of Julius Goebel: Stanford, 1905," 99.

12 Goebel to Stanford, June 6, 1904 (Stanford Archives, Horace Davis Papers SC 0028, Box 1, Folder 10), as cited in Carnochan, "The Case of Julius Goebel: Stanford, 1905," 99.

13 Stanford to Davis, July 14, 1904, Stanford University Archives, as cited in Cutler, *The Mysterious Death of Jane Stanford,* 107.

14 Spoehr, "Progress' Pilgrim," 138.

15 "mrs. stanford dies, poisoned," *San Francisco Evening Bulletin,* March 1, 1905.

16 Carnochan, "The Case of Julius Goebel: Stanford, 1905," 101.

17 Jordan, *The Days of a Man, Volume Two,* 158-64.

6. 박살

1 Jordan, *The Days of a Man, Volume Two,* 168.
2 United States Geological Survey, "M 7.9 April 18, 1906 San Francisco Earthquake," https://earthquake.usgs.gov/earthquakes/events/1906calif/.
3 Abraham Hoffman, *California's Deadliest Earthquakes: A History* (Charleston, SC: History Press, 2017), 2.
4 The National Archives, "San Francisco Earthquake, 1906," https://www.archives.gov/legislative/features/sf.
5 Jordan, *The Days of a Man, Volume Two,* 168.
6 같은 책, 169.
7 같은 책, 168.
8 같은 책, 169.
9 상동.
10 Molly Vorwerck, "All Shook Up: Stanford's Earthquake History," *Stanford Daily*, Oct. 11, 2013.
11 Jordan, *The Days of a Man, Volume Two,* 169.
12 Photo credit: US Geological Survey, Denver Library Photographic Collection/Walter Curran Mendenhall Collection, 1906.
13 Jordan to Lathrop, May 24, 1906, Special Collections and University Archives, Standford University, SC0058, Series II-A, Box 1B-29, Folder 107.
14 Ettler to Jordan, May 21, 1906, Special Collections and University Archives, Stanford University, SC0058, Series II-A, Box 1B-29, Folder 107.
15 Jordan to Greene, May 16, 1906, Special Collections and University Archives, Stanford University.
16 J. Böhlke, *A Catalogue of the Type Specimens of Recent Fishes in the Natural History Museum of Stanford University* (*Stanford Ichthyological Bulletin,* Volume 5), ed. Margaret H. Storey and George S. Myers (Stanford, CA: Stanford University, 1953), 3.
17 Jordan, *The Days of a Man, Volume Two,* 175.
18 Böhlke, *A Catalogue of the Type Specimens of Recent Fishes,* 3.
19 California Academy of Sciences Ichthyology Collection Database, CatNum: CAS-SU 6509, http://researcharchive.calacademy.org/research/Ichthyology/collection/index.asp?xAction=getrec&close=true&LotID=106509.
20 같은 책, Primary Type Image Base, http://researcharchive.calacademy.org/research/ichthyology/Types/index.asp?xAction=Search&RecStyle=Full&TypeID=573.

7. 파괴되지 않는 것

1 David Starr Jordan, *The Book of Knight and Barbara, Being a Series of Stories Told to Children: Corrected and Illustrated by the Children* (New York: D. Appleton and Company, 1899), 138-40.
2 같은 책, 4-5.
3 Jordan, "Science and Sciosophy," 569.
4 Jordan, "The Moral of the Sympsychograph," 265.
5 Alberto A. Martínez, "Was Giordano Bruno Burned at the Stake for Believing in Exoplanets?" *Scientific American,* March 19, 2018, https://blogs.scientificamerican.com/observations/was-giordano-bruno-burned-at-the-stake-for-believing-in-exoplanets/.
6 Jordan, "Science and Sciosophy," 563.
7 David Starr Jordan, *Evolution: Syllabus of Lectures* (Alameda, CA, 1892), 6-7, SC0058 SERIES II-B HALF BOX 7, Special Collections and University Archives, Stanford University.
8 Jordan, *The Days of a Man, Volume One,* 48.
9 David Starr Jordan, *The Philosophy of Despair* (San Francisco: Stanley Taylor Company, 1902), 17.
10 같은 책, 14.
11 같은 책, 30.
12 Jordan, *Evolution: Syllabus of Lectures,* 14.
13 Jordan, *The Days of a Man, Volume One,* 16.
14 Jordan, *The Days of a Man, Volume Two,* 115.
15 Jordan, *Evolution: Syllabus of Lectures,* 14.
16 Jordan, *The Philosophy of Despair,* 33-34.
17 같은 책, 14.
18 같은 책, 19.
19 같은 책, 32.
20 Jordan, *Evolution: Syllabus of Lectures,* 14.
21 Jordan, *The Days of a Man, Volume Two,* 177-78.

8. 기만에 대하여

1 Shelley E. Taylor and Jonathon D. Brown, "Illusion and Well-Being: A Social Psychological Perspective on Mental Health," *Psychological Bulletin* 103, no. 2 (1988): 193.

2 상동.
3 같은 글, 195-97.
4 같은 글, 199; Michael Dufner, "Self-Enhancement and Psychological Adjustment: A Meta-Analytic Review," *Personality and Social Psychology Review* 23, no. 2 (2019): 48-72.
5 상동.
6 Tim Wilson, *Redirect: Changing the Stories We Live By* (New York: Little, Brown and Company, 2011); Gregory M. Walton and Geoffrey L. Cohen, "A Brief Social-Belonging Intervention Improves Academic and Health Outcomes of Minority Students," *Science,* March 18, 2011, 1447-51; Kirsten Weir, "Revising Your Story," *Monitor on Psychology*/American Psychological Association 43, no. 3 (March 2012): 28.
7 내셔널 퍼블릭 라디오에서 방송된 저자의 인터뷰, "Editing Your Life's Stories Can Create Happier Endings," Jan. 1, 2014, https://www.npr.org/templates/transcript/transcript.php?storyId=258674011.
8 Judith Rodin and Ellen Langer, "Long-term Effects of a Control-Relevant Intervention with the Institutionalized Aged," *Journal of Personality and Social Psychology* 35, no. 12 (1977): 897.
9 Lauren Alloy and C. M. Clements, "Illusion of Control: Invulnerability to Negative Affect and Depressive Symptoms after Laboratory and Natural Stressors," *Journal of Abnormal Psychology* 101, no. 2 (May 1992): 234-45; Sandra Murray and John Holmes, "The Self-Fulfilling Nature of Positive Illusions in Romantic Relationships: Love Is Not Blind, but Prescient," *Journal of Personality and Social Psychology* 71, no. 6 (1996): 1155-80; Taylor and Brown, "Illusion and Well-Being," 193-210.
10 Brad J. Bushman and Roy F. Baumeister, "Threatened Egotism, Narcissism, Self-Esteem, and Direct and Displaced Aggression: Does Self-Love or Self-Hate Lead to Violence?," *Journal of Personality and Social Psychology* 75, no. 1 (1998): 219.
11 National Institute of Mental Health Report, 1995, 182, as cited in Richard W. Robins and Jennifer S. Beer, "Positive Illusions About the Self: Short-Term Benefits and Long-Term Costs," *Journal of Personality and Social Psychology* 80, no. 2 (2001): 340.
12 Duckworth, personal website, https://angeladuckworth.com/media/.
13 Angela Duckworth, Christopher Peterson, Michael D. Matthews, and Dennis R. Kelly, "Grit: Perseverance and Passion for Long-Term Goals," *Journal of Personality and Social Psychology* 92, no. 6 (2007): 1089.
14 Angela Duckworth, *Grit: The Power of Passion and Perseverance* (New York:

Scribner, 2016), 57, 74-78. 앤젤라 덕워스, 《그릿》, 김미정 옮김, 비즈니스북스, 2016.

15 Erin Marie O'Mara and Lowell Gaertner, "Does Self-Enhancement Facilitate Task Performance?" *Journal of Experimental Psychology: General* 146, no. 3 (2017): 442-45; Richard B. Felson, "The Effect of Self-Appraisals of Ability on Academic Performance," *Journal of Personality and Social Psychology* 47, no. 5 (1984): 944-52.

16 Alloy and Clements, "Illusion of Control"; Taylor and Brown, "Illusion and Well-Being"; S. Thompson, "Illusions of Control: How We Overestimate Our Personal Influence," *Current Directions in Psychological Science* 8 (1999): 187-90; Numerous studies cited in Dufner, "Self-Enhancement and Psychological Adjustment," 51.

17 Duckworth, "Grit: Perseverance and Passion for Long-Term Goals," 1087-88.

18 Jordan, *The Days of a Man, Volume One,* 46.

19 같은 책, 75-76.

20 저자와의 인터뷰, June 18, 2019.

21 Carnochan, "The Case of Julius Goebel: Stanford, 1905," 99.

22 David Starr Jordan, as quoted in Bailey Millard, "Jordan of Stanford," *Los Angeles Times Sunday Magazine,* Jan. 21, 1934, 6.

23 Roy Porter, "Reason, Madness, and the French Revolution," *Studies in Eighteenth-Century Culture* 20 (1991): 73.

24 Delroy Paulhus, "Interpersonal and Intrapsychic Adaptiveness of Trait Self-Enhancement: A Mixed Blessing," *Journal of Personality and Social Psychology* 74, no. 5 (1998): 1197-1208.

25 Tomas Chamorro-Premuzic, *Confidence: The Surprising Truth About How Much You Really Need and How to Get It* (London: Profile Books Ltd, 2013).

26 James Coyne, "Re-examining Ellen Langer's Classic Study of Giving Plants to Nursing Home Residents," *Coyne of the Realm,* Nov. 5, 2014, http://www.coyneoftherealm.com/2014/11/05/re-examining-ellen-langers-classic-study-giving-plants-nursing-home-residents/; Judith Rodin and Ellen Langer, "Erratum to Rodin and Langer," *Journal of Personality and Social Psychology* 36, no. 5 (1978): 462.

27 Dufner, "Self-Enhancement and Psychological Adjustment," 63, 66.

28 Wilberta L. Donovan, "Maternal Self-Efficacy: Illusory Control and Its Effect on Susceptibility to Learned Helplessness," *Child Development* 61, no. 5 (Oct. 1990): 1638-47.

29 Richard W. Robins and Jennifer S. Beer, "Short-Term Benefits and Long-Term Costs," *Journal of Personality and Social Psychology* 80, no. 2 (2001): 341.

30 Bushman and Baumeister, "Threatened Egotism," 219.

31 같은 책, 222.

32 같은 책, 219, 223.

33 같은 책, 219.

34 Abey Obejas and David Greene, "Complicated Feelings: 'The Little Fidel in All of Us,'" *Morning Edition,* National Public Radio, Nov. 30, 2016, http://www.npr.org/2016/11/30/503825310/complicated-feelings-the-little-fidel-in-all-of-us.

35 "Moscow to ban snow," *Foreign Policy,* Oct. 15, 2009, https://foreignpolicy.com/2009/10/15/moscow-to-ban-snow/.

36 JM Rieger, "For years Trump promised to build a wall from concrete. Now he says it will be built from steel," *Washington Post,* Jan. 7, 2019, https://www.washingtonpost.com/politics/2019/01/07/years-trump-promised-build-wall-concrete-now-he-says-it-will-be-built-steel/.

37 United States Government Accountability Office, "Report to Congressional Requesters," July 2018, 19, https://www.gao.gov/assets/700/693488.pdf.

38 Bushman and Baumeister, "Threatened Egotism," 228.

39 Spoehr, "Freedom to Do Right," 53.

9. 세상에서 가장 쓴 것

1 Goebel to Stanford, June 6, 1904 (Stanford Archives, Horace Davis Papers SC 0028, Box 1, Folder 10), as cited in Carnochan, "The Case of Julius Goebel: Stanford, 1905," 99.

2 Spoehr, "Progress' Pilgrim," 138.

3 Cutler, *The Mysterious Death of Jane Stanford,* 20-25.

4 같은 책, 25.

5 같은 책, 32-33.

6 같은 책, 9-10, 23, 98.

7 US Department of Agriculture, "Report for February 1905: Hawaiian Section of the Climate and Crop Service of the Weather Bureau," 7, https://babel.hathitrust.org/cgi/pt?id=uc1.$c188080&view=1up&seq=23.

8 *Pacific Commercial Advertiser,* March 2, 1905, as cited in Cutler, *The Mysterious Death of Jane Stanford,* 10.

9 Cutler, *The Mysterious Death of Jane Stanford,* 9.

10 같은 책, 10.

11 같은 책, 12.

12 같은 책, 12-13.

13 상동.
14 상동.
15 같은 책, 15.
16 상동.
17 같은 책, 17.
18 같은 책, 39-41.
19 같은 책, 41.
20 같은 책, 39-40.
21 같은 책, 11.
22 같은 책, 17-18.
23 같은 책, 15.
24 같은 책, 45.
25 "Quick Stanford Verdict," *New York Times,* March 11, 1905.
26 Cutler, *The Mysterious Death of Jane Stanford,* 47.
27 같은 책, 48; "Testimony of Dr. Water house," Stanford University Archives, as cited in Cutler, *The Mysterious Death of Jane Stanford,* 48, 55.
28 Cutler, *The Mysterious Death of Jane Stanford,* 46, 62.
29 같은 책, 62.
30 Jordan to Carl S. Smith, Mar. 24, 1905, Special Collections and University Archives, Stanford University, SC0033B, Series 4, Box 1, Folder 11, 4, https://purl.stanford.edu/dr431vh4868.
31 "Not Murder, Says Jordan: Thinks Unfit Food and Exertion Killed Mrs. Stanford," *New York Times,* March 15, 1905.
32 저자 인터뷰, 2017년 2월 8일. 앞으로 인용되는 닥터 야스민의 모든 이야기는 이날 대화에서 한 말이다.
33 Jordan, *Days of a Man, Volume One,* 146.
34 "Jordan Scouts Poison Idea: University President Doesn't Think Mrs. Stanford Was Murdered," *New York Times,* March 15, 1905.
35 "Not Murder, Says Jordan: Thinks Unfit Food and Exertion Killed Mrs. Stanford."
36 Cutler, *The Mysterious Death of Jane Stanford,* 50.
37 같은 책, 54.
38 같은 책, 56.
39 "Not Murder, Says Jordan: Thinks Unfit Food and Exertion Killed Mrs. Stanford."
40 Cutler, *The Mysterious Death of Jane Stanford,* 55.
41 같은 책, 54.
42 Pacific Commercial Advertiser, March 17, 1905, as cited in Cutler, *The*

Mysterious Death of Jane Stanford, 56.

43 조던이 새뮤얼 프랭클린 레입Samuel Franklin Leib 판사에게. March 22, 1905, Stanford University Archives, as cited in Cutler, *The Mysterious Death of Jane Stanford,* 37. 레입은 제인 스탠퍼드를 승계해 스탠퍼드대학 신탁이사회 이사장이 되었다.

44 Cutler, *The Mysterious Death of Jane Stanford,* 75-76.

45 "Jane Stanford: The Woman Behind Stanford University," Stanford University website, July 17, 2010, https://web.archive.org/web/20160521025646/http://janestanford.stanford.edu/biography.html.

46 "Meet President Jordan," *Stanford Magazine,* January 2010, https://stanfordmag.org/contents/meet-president-jordan.

47 Lee Romney, "The Alma Mater Mystery," *Los Angeles Times,* October 10, 2003.

48 매기 커틀러Maggie Cutler, 저자와의 인터뷰, 2017년 5월 12일.

49 Cutler, *The Mysterious Death of Jane Stanford,* 104-8.

50 Bliss Carnochan, "The Case of Julius Goebel: Stanford, 1905," 108.

51 저자와의 인터뷰, May 11, 2017.

52 프레드(?) 베이커가 데이비드 스타 조던에게, March 4, 1905, Special Collections and University Archives, Stanford University, SC0033B, Series 4, Box 1, Folder 14.

53 미지의 발신자가 조던에게, March 16, 1905, Special Collections and University Archives, Stanford University, SC0033B, Series 4, Box 1, Folder 14; 또한 Special Collections and University Archives, Stanford University, SC0058, Series 1AA, Box 14, Vol. 28에서 닥터 워터하우스의 비윤리적 행동을 드러내는 두 통의 편지를 볼 수 있다. 조던이 마운트포드 윌슨Mountford Wilson에게 1905년 5월 10일에 보낸 편지(다른 하와이 의사들이 어느 의학 저널에 닥터 워터하우스의 부적절한 행실에 대한 글을 실을 것이라는 언급이 나온다)와 조던이 워터하우스에게 1905년 5월 4일에 보낸 편지(조던이 닥터 워터하우에게 그가 적절한 행동을 한 것이라며 안심시킨다).

54 괴벨이 조던에게, 1905년 5월 24일. Special Collections and University Archives, Stanford University, SC0058, Series IB, Box 47, Folder 194.

55 리처드 화이트, 저자와의 인터뷰, 2017년 5월 11일.

56 저자와의 인터뷰, 2017년 5월 12일.

57 저자와의 인터뷰, April 14, 2017.

58 저자와의 인터뷰, April 2017.

59 Luther Spoehr, "Letters to the Editor," *Stanford Magazine,* March/Apr. 2004, https://stanfordmag.org/contents/letters-to-the-editor-8521.

60 Drawings, Special Collections and University Archives, Stanford University, SC0058, Series IV-C, Box 6B, Folder 25.

61 Lathrop to Jordan, March 1905, Special Collections and University Archives, Stanford University, SC0058, Series IA, Box 46, folder 451.
62 Newspaper clipping (paper unknown), "Dr. Jordan's Statement Is Riddled by the Experts," Special Collections and University Archives, Stanford University, SC0058, Series IA, Box 46, folder 451.
63 Jessie Knight handwritten remembrance, Special Collections and University Archives, Stanford University, SC0058, Series I-F, Box 6, Folder 48.
64 Box of medals, Special Collections and University Archives, Stanford University, SC0058, Series XI, Box 7.
65 David Starr Jordan, "Where Uncle Sam's Solar Plexus Is Located," unknown newspaper, Apr. 1915, David Starr Jordan papers, Box 53, Folder 28, Hoover Institution Archives.
66 Journals, Special Collections and University Archives, Stanford University, SC0058, Series IIA, Box 1.
67 David Starr Jordan, *A Guide to the Study of Fishes* (New York: Henry Holt and Company, 1905), 3.
68 Judge George E. Crothers to Cora (Mrs. Fremont) Older, Jan. 10, 1905, Stanford University Archives, as cited in Cutler, *The Mysterious Death of Jane Stanford,* 104.
69 Jordan, *A Guide to the Study of Fishes,* 430.

10. 진정한 공포의 공간

1 Luther Spoehr, "Freedom to Do Right," 17-24, 28-31, 36.
2 "Meet President Jordan," *Stanford Magazine.*
3 Jordan, *The Days of a Man, Volume Two,* 314-15.
4 David Starr Jordan, *The Human Harvest: A Study of the Decay of Races Through the Survival of the Unfit* (Boston: American Unitarian Association, 1907), 64-65.
5 Jordan, *Foot-Notes to Evolution,* 277-78.
6 같은 책, 279.
7 Jordan, *The Days of a Man, Volume Two,* 314.
8 Jordan, *The Human Harvest,* 54, 62.
9 같은 책, 34, 49, 69; David Starr Jordan, *The Blood of the Nation: A Study of the Decay of Races Through the Survival of the Unfit* (Boston: American Unitarian Association, 1906).
10 Jordan, *The Human Harvest,* 63-65.
11 같은 책, 65.

12 Francis Galton, *Memories of my Life* (London: Methuen, 1909), as cited in Nicholas Gillham, "Cousins: Charles Darwin, Sir Francis Galton, and the Birth of Eugenics," *The Royal Statistical Society,* Aug. 24, 2009, 133, https://rss.onlinelibrary.wiley.com/doi/full/10.1111/j.1740-9713.2009.00379.x.
13 Gillham, "Cousins: Charles Darwin, Sir Francis Galton, and the Birth of Eugenics," 134.
14 Francis Galton, *The Eugenic College of Kantsaywhere,* University College London, Galton Collection, 28-29, 45-47; see also Francis Galton and Lyman Tower Sargent, "The Eugenic College of Kantsaywhere," *Utopian Studies* 12, no. 2 (2001).
15 Galton, *Kantsaywhere,* 45-47.
16 Burns, *David Starr Jordan: Prophet of Freedom,* 37.
17 Jordan, *The Days of a Man, Volume One,* 132-33.
18 Jordan, *Evolution: Syllabus of Lectures* (Alameda: 1892), 9, Special Collections and University Archives, Stanford University, SC0058, Series IIB, Box 7.
19 상동.
20 Jordan, *The Human Harvest,* 6; "머리말Prefatory Note" 5쪽: "이 작은 책에는 같은 주제에 관한 두 편의 에세이가 담겨 있다. 하나는 1899년 스탠퍼드대학에서 처음 연설한 것이고… 다른 하나는 1906년, 벤저민 프랭클린 탄생 200주년을 기념하여 필라델피아에서 낭독한 것이다."
21 Jordan, *Foot-Notes to Evolution.*
22 Jordan, *The Human Harvest,* 62-65.
23 같은 책, 64-65; various news clippings ("David Starr Jordan Speaks Here Tonight," "That Japanese Bugaboo") found in Special Collections and University Archives, Stanford University, SC0058, Series III, Box 4, Volume 6.
24 Jordan, *The Human Harvest,* 62-63.
25 Jordan, *The Days of a Man, Volume Two,* 314-15.
26 Jordan, *Foot-Notes to Evolution,* 285-86.
27 Harry H. Laughlin, "Eugenics Record Office; Bulletin No. 10A; Report of the Committee to Study and to Report on the Best Practical Means of Cutting Off the Defective Germ-Plasm in the American Population," *National Information Resource on Ethics and Human Genetics* (Feb. 1914): 46.
28 Jordan, *The Human Harvest,* 65.
29 "Surgeon Lets Baby, Born to Idiocy, Die," *New York Times,* July 15, 1917.
30 *The Black Stork,* written by Jack Lait and Harry Haiselden, dir. Leopold Wharton and Theodore Wharton, Sheriott Pictures Corp., Feb. 1917.
31 Edwin Black, "Eugenics and the Nazis—the California Connection," *San Francisco Chronicle,* Nov. 9, 2003, https://www.sfgate.com/opinion/article/

Eugenics-and-the-Nazis-the-California-2549771.php.

32 저자와의 인터뷰, Aug. 27, 2019.

33 Paul A. Lombardo, *Three Generations, No Imbeciles: Eugenics, the Supreme Court, and Buck v. Bell* (Baltimore: Johns Hopkins University Press, 2008), 22, citing "Whipping and Castrations as Punishments for Crime," *Yale Law Journal*, vol. 8, June 1899, 382.

34 Lombardo, *Three Generations, No Imbeciles*, 24; 1907 Indiana Laws, ch. 215; Lutz Kaelbor, "Presentation about 'Eugenic Sterilizations' in Comparative Perspective at the 2012 Social Science History Association," https://www.uvm.edu/~lkaelber/eugenics/IN/IN.html.

35 Elof Axel Carlson, *The Unfit: A History of a Bad Idea* (Cold Spring Harbor, NY: Cold Spring Harbor Laboratory Press, 2001), 193.

36 저자와의 인터뷰 with Paul Lombardo, Apr. 30, 2019.

37 Adam S. Cohen, "Harvard's Eugenics Era," *Harvard Magazine*, March 2016.

38 Alexandra Minna Stern, "Making Better Babies: Public Health and Race Betterment in Indiana, 1920-1935," *American Journal of Public Health* 92, no. 5 (May 2002): 748, 750.

39 Madison Grant, *The Passing of the Great Race: Or the Racial Basis of European Ancestry* (New York: Charles Scribner's Sons, 1916).

40 Stefan Kühl, *The Nazi Connection: Eugenics, American Racism, and German National Socialism* (Oxford: Oxford University Press, 2002), 85; Timothy Ryback, "A Disquieting Book from Hitler's Library," *New York Times*, Dec. 7, 2011.

41 Grant, *The Passing of the Great Race*, 45.

42 같은 책, 45-51.

43 Edwin Black, "The Horrifying American Roots of Nazi Eugenics," History News Network, Sept. 2003, http://historynewsnetwork.org/article/1796.

44 Lombardo, *Three Generations, No Imbeciles*, 58.

45 Portland lawyer C. E. S. Wood, as cited in Lombardo, *Three Generations, No Imbeciles*, 28.

46 Governor Samuel Pennypacker, as cited in David R. Berman, *Governors and the Progressive Movement* (Louisville, CO: University Press of Colorado, 2019), 184.

47 Lombardo, *Three Generations, No Imbeciles*, 28.

48 Darwin, *Origin of Species*, 26, 36, 61, 63, 66, 74, 90, 107, 168, 204, 216, 304.

49 같은 책, 26, 61, 63, 66, 72, 168, 204.

50 같은 책, 168.

51 같은 책, 63.

52 같은 책, 26, 66, 168.

53 같은 책, 79-80.

54 같은 책, 296.
55 같은 책, 53.
56 Elizabeth Pennisi, "Meet the obscure microbe that influences climate, ocean ecosystems, and perhaps even evolution," *Science,* March 9, 2017, https://www.sciencemag.org/news/2017/03/meet-obscure-microbe-influences-climate-ocean-ecosystems-and-perhaps-even-evolution.
57 Darwin, *Origin of Species,* 79-80.
58 Thorkil Sonne, as quoted in David Bornstein, "For Some with Autism, Jobs to Match Their Talents," *New York Times,* June 30, 2011.
59 Darwin, *Origin of Species,* 63.
60 Jordan, *The Human Harvest,* 62-65; Grant, *The Passing of the Great Race,* 49.
61 David Starr Jordan, *Your Family Tree* (New York: D. Appleton and Co, 1929), 10.
62 같은 책, 5.
63 Harry Laughlin, "Notes of the History of the Eugenics Record Office," Dec. 31, 1939, Private Collection, Eugenics Record Office; Jordan, *The Days of a Man, Volume Two,* 297-98; Lombardo, *Three Generations, No Imbeciles,* 31.
64 Charles Davenport, as cited in Garland E. Allen, "The Eugenics Record Office at Cold Spring Harbor, 1910-1940: An Essay in Institutional History," *Osiris* 2 (1986): 225-64.
65 Kaaren Norrgard, "Human Testing, the Eugenics Movement, and IRBs," *Nature Education* 1, no. 1 (2008): 170, https://www.nature.com/scitable/topicpage/human-testing-the-eugenics-movement-and-irbs-724.
66 Norrgard, "Human Testing, the Eugenics Movement, and IRBs."
67 상동.
68 Lombardo, *Three Generations, No Imbeciles,* 27.
69 같은 책, 61.
70 Letter from George Mallory to Albert Priddy, Nov. 5, 1917. Record, *Mallory v. Priddy,* as cited in Lombardo, *Three Generations, No Imbeciles,* 70.
71 Lombardo, *Three Generations No Imbeciles,* 91-110; "A. S. Priddy Summons" (2009), *Buck v. Bell Documents,* Paper 17, http://readingroom.law.gsu.edu/buckvbell/17.
72 Lombardo, *Three Generations, No Imbeciles,* 103-12.
73 같은 책, 111.
74 같은 책, 107-8, 115, 117, 135, 136-48, 155.
75 "Eric Jordan Hurt In Auto Accident Near Gilroy Today," *Stanford Daily,* March 10, 1926, https://stanforddailyarchive.com/cgi-binstanford?a=d&d=stanford19260310-01.2.17&e=-------en-20—1—txt-txIN-------.
76 Burns, *David Starr Jordan,* 32-33; Jordan, *The DAys of a Man, Volume One,* 45.

77 ERO's Harry Laughlin testimony, *Buck v. Priddy*, Amherst, VA, 1924, as cited in https://www.facinghistory.org/resource-library/supreme-court-and-sterilization-carrie-buck.

78 *Buck Record,* 33-35, as cited in Lombardo, *Three Generations, No Imbeciles,* 107.

79 *Buck v. Bell,* 274 U.S. 200 (1927).

80 Carolyn Robinson (Training and Policy Director at the Central Virginia Training Center), as reported to *Encyclopedia Virginia* reporter Miranda Bennett, 2018.

81 Paul Lombardo, "In the Letters of an 'Imbecile,' the Sham, and Shame, of Eugenics," *UnDark,* Oct. 4, 2017, https://undark.org/article/carrie-buck-letters-eugenics/.

82 *Buck v. Bell,* 274 U.S. 200 (1927).

83 Sarah Zhang, "A Long-Lost Data Trove Uncovers California's Sterilization Program," *Atlantic,* Jan. 3, 2017, https://www.theatlantic.com/health/archive/2017/01/california-sterilization-records/511718/.

84 Alexandra Minna Stern, "When California Sterilized 20,000 of Its Citizens," *Zocalo,* Jan. 6, 2016,http://www.zocalopublicsquare.org/2016/01/06/when-california-sterilized-20000-of-its-citizens/chronicles/who-we-were/.

85 상동.

86 Nicole L. Novak, Natalie Lira, Kate E.O'Connor, Siobán D. Harlow, Sharon L. Kardia, and Alexandra Minna Stern, "Disproportionate Sterilization of Latinos Under California's Eugenic Sterilization Program, 1920-1945," *American Journal of Public Health* 108 (May 2018): 611-13, https://doi.org/10.2105/AJPH.2018.304369.

87 Carolyn Hoemann, "Genuine Justice: Sterilization Abuse of Native American Women," KRUI, Oct. 17, 2016, http://krui.fm/2016/10/17/genuine-justice-sterilization-abuse-native-american-women/.

88 Lutz Kaelber, "Eugenics/Sexual Sterilizations in North Carolina," University of Vermont website, https://www.uvm.edu/~lkaelber/eugenics/NC/NC.html.

89 "Puerto Rico," Eugenics Archive, http://eugenicsarchive.ca/discover/connections/530ba18176f0db569b00001b.

90 Georgia Code Ann. § 31-20-3 (West), https://law.justia.com/codes/georgia/2010/title-31/chapter-20/31-20-3/; New Jersey, Stat. Ann. § 30:6D-5 (West), https://law.justia.com/codes/new-jersey/2013/title-30/section-30-6d-5/.

91 Corey G. Johnson, "Female Inmates Sterilized in California Prisons Without Approval," Reveal from The Center for Investigative Reporting, July 7, 2013, https://www.revealnews.org/article/female-inmates-sterilized-in-californiaprisons-without-approval/.

92 Derek Hawkins, "Tenn. Judge Reprimanded for Offering Reduced Jail Time in Exchange for Sterilization," *Washington Post,* Nov. 11, 2017.

93 Lombardo, *Three Generations, No Imbeciles,* 101; "Chapter Two—Exterior Stone Carvings and Bronze Work," National Academy of Sciences website, http://www.nasonline.org/about-nas/visiting-nas/nas-building/exterior-carvings-and-bronze.html.

11. 사다리

1 Jordan, *The Days of a Man, Volume One,* 25.

2 Spoehr, "Progress' Pilgrim," 216.

3 Spoehr, "Freedom to Do Right," 53.

4 저자와의 인터뷰, 2019년 6월 18일.

5 Jordan, *Your Family Tree,* 4-5, 9-10.

6 Robert Krulwich, "How a 5-Ounce Bird Stores 10,000 Maps in Its Head," *National Geographic,* Dec. 3, 2015.

7 Sana Inoue and Tetsuro Matsuzawa, "Working Memory of Numerals in Chimpanzees," *Current Biology,* Dec. 2007.

8 Elise Nowbahari and Karen L. Hollis, "Rescue Behavior: Distinguishing Between Rescue, Cooperation and Other Forms of Altruistic Behavior," *Communicative & Integrative Biology* 3, no. 2, 2010, 77-9, doi:10.4161/cib.3.2.10018.

9 Michelle Steinauer, "The Sex Lives of Parasites: Investigating the Mating System and Mechanisms of Sexual Selection of the Human Pathogen Schistosoma Mansoni," *International Journal for Parasitology,* Aug. 2009, 1157-63.

10 Darwin, *On the Origin of Species,* 288, 295.

11 같은 책, 39. 흥미롭게도 《종의 기원》이 출간되고 얼마 뒤 다윈은 어조를 바꾼다. 적어도 한 가지 기생충에 대해서는 그렇게 했다. 그는 아사 그레이Asa Gray에게 보낸 편지에서 기생벌인 맵시벌의 끔찍함이 자신의 신념을 의심하게 만들었다고 말한다. "나는 선하고 전능한 신이 의도적으로 맵시벌을 창조했을 거라고 나 자신을 설득할 수 없습니다." Darwin to Gray, May 22, 1860, *Darwin Correspondence Project,* http://www.darwinproject.ac.uk/letter/DCP-LETT-2814.xml.

12 같은 책, 39, 296.

12. 민들레

1 Governor Bob McDonnell, as quoted in "CVTC Closing as Part of Department of Justice Agreement," ABC 13 News, Jan. 26, 2012, https://wset.com/archive/cvtc-closing-as-part-of-department-of-justice-agreement.
2 "Central Virginia Training Center Cemetery," Central Virginia Training Center, http://www.cvtc.dbhds.virginia.gov/cemeter.htm.
3 Lombardo, *Three Generations,* 190-91.
4 저자와의 인터뷰, March 7, 2017.
5 Department of Mental Hygiene and Hospitals Sterilization Record Summary, 1967, 애나의 개인 소장 문서.
6 저자와의 인터뷰, March 7, 2017.
7 저자와의 인터뷰, June 8, 2018.
8 상동.
9 상동.
10 Acute Hospital Discharge Summary, Aug. 9, 1967, 애나의 개인 소장 문서; Cenon Q. Baltazar, letter to Daisy, Aug. 3, 1967, 애나의 개인 소장 문서.
11 저자와의 인터뷰, June 8, 2018.
12 상동.
13 상동.
14 저자와의 인터뷰, May 23, 2018.
15 Darwin, *On the Origin of Species,* 304.
16 같은 책, 79-80, 293-6, 301-2, 304-5.

13. 데우스 엑스 마키나

1 "Dr. David Starr Jordan Dies," *Healdsburg Tribune,* Sept. 19, 1931.
2 *Daily Palo Alto Times,* Oct. 4, 1934 (as found in Special Collections and University Archives, Stanford University, SC0058, Series I-F, Box 6).
3 Burns, *David Starr Jordan: Prophet of Freedom,* 33.
4 같은 책, 1.
5 Elof Axel Carlson, *The Unfit: A History of a Bad Idea* (Cold Spring Harbor, NY: Cold Spring Harbor Laboratory Press, 2001), 193.
6 Jordan, *The Human Harvest,* 51.
7 Mount Jordan, a 4,067-meter peak in Tuolumne County, California.
8 David Starr Jordan High School in Los Angeles, CA: David Jordan High School in Long Beach, CA.

9 NOAAS *David Starr Jordan* (R 444) in commission from 1966 to 2010, www.noaa.gov.

10 Jordan Avenue in Bloomington, Indiana.

11 Lake Jordan, near the Nasha River. Jordan, *The Days of a Man, Volume Two,* 138.

12 Mount Jordan in Duchesne County, Utah.

13 Jordan, *The Days of a Man, Volume One,* 288.

14 Jessica George, "The Immigrants Who Supplied the Smithsonian's Fish Collection," *Edge Effects,* Nov. 7, 2017, https://edgeeffects.net/fish-collection/.

15 Jordan, *Guide to the Study of Fishes,* 430.

16 Jordan, *The Days of a Man, Volume One,* 533.

17 같은 책, 211.

18 Jordan, *Guide to the Study of Fishes,* 430.

19 Theodore W. Pietsch and William D. Anderson, *Collection Building in Ichthyology and Herpetology* (Lawrence, KS: American Society of Ichthyologists, 1997), 5.

20 Yoon, *Naming Nature,* 239.

21 같은 책, 240. See also p. 7.

22 같은 책, 202.

23 같은 책, 251.

24 R. J. Asher, N. Bennett, and T. Lehmann, "The New Framework for Understanding Placental Mammal Evolution," *Bioessays* 31, no. 8 (Aug. 2009): 853-64; H. Amrine-Madsen, K. P. Koepfli, R. K. Wayne, and M. S. Springer, "A New Phylogenetic Marker, Apolipoprotein B, Provides Compelling Evidence for Eutherian Relationships," *Molecular Phylogenetics and Evolution* 28, no. 2 (Aug. 2003): 225-40; Darren Naish, "The Refined, Fine-Tuned Placental Mammal Family Tree," *Scientific American,* July 14, 2015.

25 Patricia O. Wainright, Gregory Hinkle, Mitchell L. Sogin, and Shawn K. Stickel, "Monophyletic Origins of the Metazoa: An Evolutionary Link with Fungi," *Science,* Apr. 16, 1993, 340-42.

26 Yoon, *Naming Nature,* 252.

27 같은 책, 254.

28 같은 책, 8.

29 저자와의 인터뷰, March 9, 2017.

30 저자와의 인터뷰, Dec. 12, 2017.

31 Richard Greenwood, Ashok Bhalla, Alan Gordon, and Jeremy Roberts, "Behaviour Disturbances During Recovery from Herpes Simplex Encephalitis," *Journal of Neurology, Neurosurgery, and Psychiatry* 46 (1983): 809-17.

32 Lisa Oakes, Infant Cognition Lab, University of California, Davis.
33 Yoon, *Naming Nature,* 252, 259.
34 같은 책, 286-99.
35 저자와의 인터뷰, Dec. 12, 2017.
36 저자와의 인터뷰, March 20, 2017.
37 저자와의 인터뷰, March 19, 2019.
38 Jonathan Balcombe, *What a Fish Knows: The Inner Lives of Our Underwater Cousins* (New York: Scientific American/Farrar, Straus and Giroux, 2016), 46. 조너선 밸컴, 《물고기는 알고 있다: 물속에 사는 우리 사촌들의 사생활》, 양병찬 옮김, 에이도스, 2017.
39 Frans de Waal, "What I Learned from Tickling Apes," *New York Times,* Apr. 8, 2016.

에필로그

1 W. B. Yeats as cited in Sherman Alexie, *The Absolutely True Diary of a Part-Time Indian* (New York: Little, Brown and Company, 2007), epigraph.
2 Dominik Kraus, "On Neptune, It's Raining Diamonds," *American Scientist,* Sept. 2018, 285.
3 Rachael Rettner, "Meet Your Interstitium, a Newfound 'Organ,'" *Live Science,* March 27, 2018, https://www.livescience.com/62128-interstitium-organ.html.
4 Ian Shapira, "The Parking Garage Beating Lasted 10 Seconds. DeAndre Harris Still Lives with the Damage," *Washington Post,* Sep. 16, 2019.
5 Jason Kessler, "Jason Kessler on His 'Unite the Right' Rally Move to DC," *Morning Edition,* NPR, Aug. 10, 2018.

물고기는 존재하지 않는다
상실, 사랑 그리고 숨어 있는 삶의 질서에 관한 이야기

지은이 룰루 밀러
옮긴이 정지인

1판 1쇄 펴냄 2021년 12월 17일
1판 57쇄 펴냄 2025년 1월 17일

펴낸곳 곰출판
출판신고 2014년 10월 13일 제2024-000011호
전자우편 book@gombooks.com
전화 070-8285-5829
팩스 02-6305-5829

종이 영은페이퍼
제작 미래상상

ISBN 979-11-89327-15-6 03400